拒绝力

如何掌握办事的分寸和尺度

韩紫 著

NO

廣東旅游出版社
GUANGDONG TRAVEL & TOURISM PRESS
悦读书·悦旅行·悦享人生
中国·广州

图书在版编目（CIP）数据

拒绝力：如何掌握办事的分寸和尺度 / 韩紫著. 一 广州：广东旅游出版社，2019.4（2024.8重印）

ISBN 978-7-5570-1474-2

Ⅰ. ①拒… Ⅱ. ①韩… Ⅲ. ①成功心理－通俗读物 Ⅳ. ① B848.4-49

中国版本图书馆 CIP 数据核字（2018）第 200639 号

拒绝力：如何掌握办事的分寸和尺度

JU JUE LI：RU HE ZHANG WO BAN SHI DE FEN CUN HE CHI DU

出 版 人 刘志松
责任编辑 何 方
责任技编 冼志良
责任校对 李瑞苑

广东旅游出版社出版发行

地　　址 广东省广州市荔湾区沙面北街71号首、二层
邮　　编 510130
电　　话 020-87347732（总编室） 020-87348887（销售热线）
投稿邮箱 2026542779@qq.com
印　　刷 三河市腾飞印务有限公司
（地址：三河市黄土庄镇小石庄村）
开　　本 710毫米×1000毫米 1/16
印　　张 14
字　　数 160千
版　　次 2019年4月第1版
印　　次 2024年8月第2次印刷
定　　价 58.00元

序言

当同事有事需要代班时，你是那个人吗？

当下班时间已过，你是那个被老板打电话还要应酬的人吗？

当朋友有困难需要帮助，你是那个第一时间帮忙的人吗？

当面对别人的诉求，你是那个违心应承的人吗？

是你，那你一定不开心，而且可能你的生活很糟糕，家人说你不负责任，同事也没有见得多感激你，朋友说你仗义，可是当你需要帮助的时候，又有那么一点儿差别。你陷入了说不清的烦恼中，这一切像一个巨大的黑洞，进去无比容易，出来却难如登天。拒绝和被拒绝，但凡生活于世的人都难免尝过个中滋味，明明是小事一桩，却演变成了生活的顽疾。你可能因为碍于情面难以开口，或者担心得罪对方影响后续关系，也可能是顾虑拒绝后可能发生的不愉快，等等。于是，你生活的大部分时间被这样的纠结和犹豫占据，就连属于你的好心情也被轻易扰乱。然而，当你希望以自我牺牲成全他人的方式换取生活的片刻宁静时，你发现，这种自我付出已经被人们视为天经地义，理所当然。

别人出口拒绝是自然的常态，而你出口拒绝却是偶发性的错误，这种认知在你周围的圈子中愈演愈烈。拒绝并非亏欠，要从根本上改变这个认识，卸掉一切自我束缚的心灵枷锁。令你可能不想也不敢承认的是，导致今天你困惑不清的人其实是自己！没有人有权利主宰你的人生，只有你自己有权利引导自己的路途。

每一天的起程都是最佳的开始时间。培养拒绝力，掌握拒绝的力度，控制其带来的后果并非难事。虽然主流教育推崇敦厚、仁谦的品格，我们的家庭从小也教育我们忍耐、温和，但这并不等同于卑微和懦弱。

《拒绝力：如何掌握办事的分寸和尺度》一书从身边实际出发，引用了大量日常所见、圈内所闻的实际案例，并重点对思维进行引导和分析，既教你实际的运用方法，又教你调节内在的思维，从细节教你如何把拒绝的话说得有温度，如何将拒绝的话说得明白又不失人心；又从方向上重点引导我们走智慧大路的独立能力，真正实现授人以渔。

笔者将人们复杂的心理情绪脉络清晰地呈现在你面前，让困惑者从源头清楚困惑的原因以及不同角色的心理波动，再对照呈现出的方式方法，真正明白所走每一步的原因，实现拒绝能力的塑造和心态的正确引导。

予人玫瑰，手有余香，帮助从来都是一条你情我愿的芬芳大路！希望你读过《拒绝力：如何掌握办事的分寸和尺度》这本书后，从此一路万水千山，阳光明媚。

目录

Part 1 拒绝是个技术活儿：人人能说“不”，但不见得会说“不”

拒绝并不是件难事，难的是如何让对方在不丢面子的情况下大大方方地接受你的拒绝。既没有损害到你的切身利益，又没有伤害到对方的心灵。越是要拒绝对方，越是要适度抬高对方的身份，给对方留足台阶。

Part 2 放弃“存在感”奖杯：别让不好意思害了你

别人处处有需要，你就事事到。这样，你往往会面临帮助别人一分，乱了自己生活五分的糟糕结果。拒绝不是冷漠，而是更加智慧地营造“存在感”。有分辨、有选择、量力而行的帮助才可能彼此成全。

Part 3 不要自我绑架：善良和懦弱只有一步之遥

你不会拒绝终究是因为不敢拒绝，不敢说明你内心有顾虑和担忧，所以一再自我牺牲成全别人。然而，当违心应承发生的时候其实也是自我背叛的瞬间，你想对得住所有人，却唯独对不住自己，你以为的善良可能只是因为懦弱。从今天起，你要做一个重视自己内心声音的人，爱自己才能有余温爱别人。

Part 4 不要害怕：你能主宰自我，难道还不能主宰社交

大多数人选择的路都是有价值的，这种正向从众你不必挣脱，本身就是阳光大道。但还有一些俗不可耐的羊肠小道，总会出现在岔路口迷惑心志。众人皆醉你独醒，但被人看出来你独醒并不算什么本事，而是看似跟着大家一起酩酊大醉却自觉独醒才是真智慧。

Part 5 家庭关系“治未病”：在温暖中拒绝

熟悉的地方没有风景，熟悉的人缺少吸引。连电影《后来的我们》也同样告诉人们要保持30%的神秘。你既要看透对方，又想让对方保持吸引力，以维护彼此之间的情感新鲜度，真是难于上青天……

Part 6 无声武器：肢体语言在“NO”中的秘密

倾听是了解对方的重要途径，倾听和聆听的概念也有本质的不同，它要求人们在听取对方话语的时候给出的反应更多，必要的参与、意见，眼神和表情反应等，是一个多元组织的结合体。要在无声中传递出：我在听，听得懂、赞同、拒绝、感同身受和理解，等等。

Part 7 缓冲式关怀：每一次拒绝之后都要以余温慰人

曾有几多时，拒绝他人后，自己被一种不安萦绕，不免猜测对方的心情、事情进展和结局，那么就不妨主动送出温暖去关怀对方。你会发现彼此心中那层如纸般的隔阂可以十分轻易地就被瓦解。

Part 8 卸下心灵枷锁：拒绝是你的权利，不是亏欠

拒绝他人是每个人的权利，你不需要背负巨大的心理负担，在日后面对对方时感到内疚。当一件事与自己三观不符，起码与自己心中所想有巨大差距时，勇敢地说“不”，果断地拒绝，才是最明智的解决问题之道。

PART 1

拒绝是个技术活儿：
人人能说“不”，但不见得会说“不”

拒绝并不是件难事，难的是如何让对方在不丢面子的情况下大大方方地接受你的拒绝。既没有损害到你的切身利益，又没有伤害到对方的心灵。越是要拒绝对方，越是要适度抬高对方的身份，给对方留足台阶。

拒绝之前，先给对方留足台阶

上司说周末加班，你明明想约朋友一起去钓鱼，但不好拒绝，结果自己疲惫不堪；朋友向你借钱，你不好拒绝，延迟自己换家电的计划，结果对方还迟迟不还；朋友邀你应酬，你明明想在家好好窝沙发歇个痛快，但不好拒绝……你总是徘徊在这样那样的难以拒绝中，进退都很纠结。

只要我们身在尘世中，“拒绝”就是不可避免的一项课题。其实拒绝本身并不难，但是降低或避免因为拒绝带来的负面效应就需要一点技巧。懂得在拒绝的同时还能为对方留下退路留足台阶，让对方不至于尴尬而进退维谷，换句话说就是把冷冰冰地拒绝转化成有温度的、富有人情味的话语去告诉对方，这需要一点情商，也需要一点智慧。

苏曼提离职已经半个月了，按预定的日子到月末结束，苏曼敲门走进了老板的办公室，老板仍旧不希望她离开。对苏曼来说，能够被认可她内心也确实感激，但是走是必然的，一来个人私事不可推；二来公司的文化带来的工作心情也确实不够好。可面对老板的诚意挽留，又觉得实属为难，一再拒绝怕有损职场情感，又不给老板留台阶，于是苏曼开口说：“李总，感谢您的认可，如果不是因为家里确实有事推不开，我真心愿意继续和团队一起走。这样，如果我忙过这一段，公司还有需要，我也还要出来工作的话，那时还希望公司接纳我!”李总听了，诚意地点点头，签了她的离职申请。

如果苏曼执意要离开，未必有点太不顾职场情分了，毕竟都在圈内，低头不见抬头见。但如果她留下，对自己的内心来说也不是最好的选择，可是说到以后也许还会回到公司并希望受到接纳，给老板留了足够的台阶，也缓和了这次离职的尴尬。恰恰在离职后的第三天，公司年终聚会，邀请苏曼“赴家宴”，她欣然接受，为拒绝后的“收场”做了最好的缓冲。

无论是在电视剧、小说还是生活中，我们经历的以及看到的男女情感，总是不能够一帆风顺，存在接受就存在拒绝。虽然追求对方和表达爱情的方式方法各异，各有千秋，但是表达拒绝这件事几乎就是一个模子里刻出来的一样，最熟悉的几种版本是：我们不合适，是我不够好，配不上你；你可以找到更好的，我不值得你这样付出……看到这里，诸如这类拒绝的话你可能瞬间在脑补。其实越是要拒绝对方越是要适度抬高对方，以缓解对方自尊心上的紧迫感。所以你以为自己不擅长的，也许只是不习惯，其实是早已被实践过的方式方法了。

而在生活和工作中，“拒绝”本身虽然是极容易出口的一句话，但是因为人情的注入、理性的顾忌、感情上的不好意思，无法面对等，需要情商和智慧的双重丈量才能取得完满的效果。

【智慧屋】

表明态度，避免说“不”

关于拒绝这件事，如果处理得当，鲜明的回绝态度和直白的语言有其中一者就已经够了。切勿在态度上表现得模棱两可，给对方造成期待式的误会，在对方已经接收到你的拒绝态度时，不必要再重申说“NO”，语言上恰恰要与态度唱个“红白脸儿”，缓解一下对方受到拒绝后的不舒服。

拒绝也要先听对方表达完

想办法减缓对方收到“NO”后的抗拒感，对别人的要求和倾诉洗耳恭听也是一个不错的方法。先听后说，对自己不能满足对方的期望而表示抱歉，说明原因，重点强调实出无奈而并非本心不想的意思，博得对方理解、同情而减缓对方的尴尬，从而让对方收到虽然被拒绝但同样被重视的感受。尤其是职场沟通，更是要顾及对方的自尊心，给对方留足台阶。

拒绝的话要缓和地说

一旦想要拒绝对方，开口时使用敬语是让对方接收到“距离感”的第一个信号，从而让对方做好可能被拒绝的心理准备。但重要的是接下来就要亲切地沟通，调节语气的友善度，尽量放慢说话的节奏，在音量上切忌大声，要进行缓和的交流。

拒绝的话要真诚地说

拒绝本身是一件冰冷的事儿，如果态度上再盛气凌人或者拒人于千里之外，并不能算作一次成功的拒绝。尽量抱以同情的态度、关切的口吻讲述不能帮到对方的理由，必要之时可以轻微自责以表达为对方焦虑的心情，让对方即便没有收获帮助，也收获了关怀。

喜剧大师卓别林曾坦言：“学会说‘不’吧，那样你的生活将会好得多。”言外之意，说不，容易，但是会说不，需要一点技巧。懂得巧妙地拒绝别人，既为自己解脱，也为他人留有台阶，路才能越走越宽。

别说“不想做”，要说“没办法”

即便是相同的目的，可不同的人也有不同的表达，不同的表达有不同的意思，不同的意思有不同的结果，不同的结果有不同的影响，不同的影响会带来不同的结局。拒绝这句话，说完究竟是收获还是损失，就看你怎么等量换算语法……

在生活和工作中，必要的拒绝是必须经历的。如果是与对方后续关系并不重要或者本也想切断，这种情况拒绝的理由通常不伤害到对方的自尊心和面子就可以了，并不需要太费脑筋。但是如果你本身就十分看重后续关系，或者因为现实原因，如作为同事还在同一屋檐下，作为朋友还在同一个圈内，就不得不加入一些技巧，这样不仅能摆脱得了眼前的为难，又不对后续的往来有所伤害，甚至反而可能在一次拒绝中对日后的往来起到推进作用，这是值得花点心思的。

李青是公司销售一组的组长，和在仓储部的方方私交还不错，销售共有六组，热销品每次一入库，只要方方公布库存，各组积压的货单就跟泄了闸口一样，经常会有小组不够分，就只能继续拖欠客户等下一批。李青和方方吃午饭时说：“方姐，06#再来货时，你这仓储的负责人能不能给我冻结20件，我这打印机速度跟不上就落后。”平时两人会一起游泳，也会偶尔去徒步，这个要求李青虽然知道有一点为难，但是操作起来并不困难。方方喝了一口鸡蛋汤说："青儿，正常情况下，这点操作软件的小事儿太容易了，想办就办。但咱公司你还不知道啊，那库存录入的小王和张总家近，张总又这么关注到货情况，回头小王嘴一松，咋办？论想不想我肯定是站你这头的，但能不能这没招啊。"方方放下汤碗，拿起筷子："没有不透风的墙啊，妹子。"李青听了这话，心里自然是凉快的，但是看着方方的态度和说的话，又知道她不是不想帮，而是确实有风险。"这是一件没办法的事"，而非"这是一件不想做的事"。

在方方拒绝李青的过程中，先是表达了对这件事情的理解，尤其强调私交甚好，内心的亲密情感带来的立场一致，这让李青在面对结果时，首先感觉到了距离被拉近，人性内心自我排除了"被轻视"感。并且方方在拒绝过程中也并没有直接强调自己为难，而是列举了小王、张总带来的"形势所迫"，不得不这么做，这在拒绝李青的同时博得了对方在本次拒绝中的理解和客观平静，并未在双方同事感情的主体上造成伤害，也就不会影响到日后往来。

肖肖最近看中一个项目想要"折腾"一下，四下里拖朋友帮忙卖掉一处房子。亲戚中姑父的外甥正好准备结婚用的婚房，姑父搭桥双方看房子、谈价格、了解手续等，一周左右很快有结果了，房子以稍低于市价的标准被决定卖给姑父的外甥。本来约好周三去办更名，结果周一晚上，肖肖接到姑父电话，姑父在电话里给自己的外甥一顿数落，但大意肖肖听懂了，对方两人在结婚彩礼上出了点别扭，现在女方不同意结婚，房子也暂时告一段落了。姑父在电话里说：“肖啊，本来你就忙，让你跟着前前后后忙了多少趟，现在这小孩子不懂事，说不要就不要了，哎……”说着姑父在电话里叹了一口气，肖肖确实很不高兴，因为他外甥推掉了其他看房的人不说，按照外甥的条件降价，反复商量谈妥了，到最后落锤的时候又说不行了。但是没等他开口，姑父就先数落了，这让肖肖没法再埋怨。姑父接着说：“肖儿，你也别生气，还是那姑娘家人不行，因为个彩礼两人说分就分，这是没结，这要是结不也得离嘛！大军（外甥）也是没办法，正闹心呢！”肖肖听了心中有埋怨、有同情、有无奈，却是越听气儿越消，倒理解起大军来。两个月后，肖肖听说那两个人结婚了，房子选了一处地点更好的，姑父说：“没办法啊，人家女方要求的，彩礼不到位，房子就要买更好的，还得写人家姑娘的名！”言语中充满了无奈。

也许早在姑父打第一个电话的时候，两人就看到了更好的房子，或者也是因为两人商量着觉得不够划算却不好开口，总之他们没有直接拒绝，而是用无奈没有办法说出了自己的苦处，让肖肖觉得郁闷却生不起气来，觉得姑父的家人不靠谱，而不是姑父。如果换作其他理由公开，让本来已达成的约定化为泡影，想必谁心里都不会舒服，毕竟“不想”和“没办法”是两种主观情绪，在拒绝当中，后者更容易让人内心接受。

有人开玩笑说婆媳关系可以列选到世界未解之谜中。因为约有超过70%的婆媳关系紧张，是造成家庭矛盾的根本源头。晚上丈夫刷“抖音”看到夫妻对话：“我和你妈同时掉河里你先救谁？”

男："……"这个天下无解的问题他确实不会回答。

女："先救你妈吧，我还想再游一会儿。"看到这儿，丈夫笑出声来，主动拿到妻子面前想博老婆大人一笑。但是却开启了一个逃避不了也不太愉快的话题："我就快生了，你怎么和你妈说的？"

"说了很久了，她说身体允许的话肯定来。"原来是媳妇坐月子期间没有人照顾，自己的妈妈体弱多病，请月嫂对两个人来说又有点吃力，媳妇也不想但是没有办法，只能请婆婆来照顾自己。

巧的是正说着，儿子的电话响了，是婆婆。因为话筒声音比较大，媳妇也能听到："亮亮，妈本来打算去照顾小慧的，可是最近这脚扭了，走路不方便，就怕有个闪失照顾不好孩子和小慧，再耽误事。要不妈给你们拿请月嫂的钱吧！"

儿子一听妈脚扭了，连连问伤得怎么样，也告诉老人家好好休息，不用照顾月子了，他们自己想办法请人，钱也不用拿。

挂掉电话，媳妇就是开心不起来，她本不愿意婆婆来，但是听到婆婆说身体不方便不能来照顾月子又有点失落，她的存在感受到了质疑。可是这个理由又没法反驳，你挑不出任何毛病，钱也不可能要，老人家的医药费没让他们两个人负担已经很不错了。

想必婆婆已经内心挣扎很久，也不希望彼此关系生疏或者因为自己带来麻烦，她本不想拒绝，可是这个拒绝的理由又安全万分，于是无奈开了口，却重点强调：并不是不想，而是不能够。

【智慧屋】

用合理的解释阐述无能为力

拒绝和顶撞绝不是一回事，不想所以拒绝和不能所以拒绝也不是一回事。首先，我们内心是极为尊重对方的，其次是无法为难自己去完成对方的要求，那么通过真诚的“表达”阐述出自己没有办法的理由，绝大多数的正常人虽然内心会失望但是觉得可以理解的，更不会因此产生怨恨之意。所以，在拒绝时也不要吝啬语言。可能有人会想：反正也帮不上，还说那么多废话干什么。其实恰恰相反，一个人一旦提出需求，我们要么用事实满足，要么用情感给予安慰。想要不落空，两者必须选一。

表达与倾听都需要绝对真诚

语气诚恳，语速稍缓，首先，在关键词上可以适当加重，比如“真是没有办法”或“在正常情况下肯定没有问题”等这类总结性的字眼上。其次，给对方反馈的时间，自己的表情和眼神都要充满真挚，而不是演戏式的浮夸和闪躲，你要知道，每个人的情商、智商所差并不悬殊，你的心理活动有一半是通过举止流露出来的。

用大量情感弥补拒绝的本质

确实因为无能为力而造成想帮却不能够的情况，你可以用情感陪同等方式来弥补拒绝他人而给他人带来的失望等情绪；如果是因为不想帮而故意表现出的无能为力，那么就更需要大量的情感来弥补拒绝的本质，延续日后的往来，此时应注意尺度，过于浮夸和冷静都是极端表现，要自控，也可以在拒绝后阶段性地给予小关怀。

拒绝本身十分简单，一个“NO”就可以把自己的主观意愿表达清楚，但是智慧的拒绝却需要技术，既拒绝了自己不想做的事，又不伤害对方的自尊心，甚至不影响到以后的关系，你就需要在“NO”中加入一点温度，且能够保真地传递出去。

拒绝之外的“B计划”

反复找理由不如直接承认你并不是万能的，反而是一种洒脱和坦然，所以拒绝是件常态的事，可是你拒绝行动却不可以同时关闭善良和关注。越是自己这条路没办法让对方通过，越是要安慰对方条条大路通罗马。如果能够建议出备选方案，对方即便是多绕一些路，你仍然是间接地传递了温暖。

在强大的社会关系网面前，想要保持率性洒脱不是一件容易的事儿，我们常常会陷入不想为而不得不为的尴尬境地，行动上推进，但内心抵触。想必对一个有精神追求的健康人士来说，没有任何比违背意念更糟糕的事情了。因此，太多的职场、家庭甚至是亲人之间陷入这种感受中，所以才有那么多人渴望知己、独处以及借烟酒消愁，因为人们觉得这些离真实的自己最近。

有一些压力来自于外界，但根据无数人真实的内心独白来看，更多的压力来于自身的建造，其中违背意志地应承下自己力不从心的事儿堪称首位。

鲁豫采访娱乐圈里少有的才女徐静蕾，大家亲切地叫她“老徐”。老徐的爱好广泛，有手工制作、乒乓球、书法以及摄影。这是访谈节目中主持人与嘉宾互动的最好话题，所以带上相机，老徐和鲁豫走进了具有国际范儿的摩天大厦取景。显然，老徐要为鲁豫拍一组写真。但是老徐的镜头和各种光线参数已经调好后，鲁豫还是僵直地站在那里，她像小猫渴望帮助一样地说："你不指导一下我怎么摆姿势啊！我都不会呀。"

但是老徐一直都很特立独行，做任何事情都有自己的风格，她这样说："你越紧张越不用指导，你就自己正常往前走更自然，不需要引导。"老徐"无情"地拒绝了鲁豫的求助，但是她给出了备用方案：说正常往前走比摆拍更自然。这让被"拒绝"的鲁豫也很好接受，并且听起话来，不再执念在被指导摆拍姿势上，而是"顺从"老徐的备用方案开始了街拍。

当然，这是一幕发生在明星之间的"小拒绝"，但是在日常生活中也常有发生。如果老徐答应了鲁豫的想法，开始指导这只手怎么放，那个表情怎么给，确实是违背了自己追求自然的风格；但是如果直接拒绝说不用，又不免让鲁豫有点尴尬；当徐静蕾推荐出备用方案时，问题就迎刃而解了。

在公司同事中，大伙都知道大成有个不靠谱的爱好，那就是为游戏中的角色人物花钱，主要是他今年已经三十六岁了，家里的孩子刚会叫爸爸，大伙儿内心都觉得大成应该掂量掂量日子到底应该怎么过。事出总是有因，隔三岔五地借钱是大成除了工作的第二大主题，今儿个买个装备，明儿个兑几个金币，私下里被借钱的同事都很不满。

下班了，别的同事陆陆续续走了。大成一边接水一边看看办公室里刚从基地回到公司的老李，凑上前去，正在整理票据的老李看看他说：“大成咋不下班呢?”

“不急，李哥，手头宽裕不，给我凑五百块钱。”

老李并没有停下整理手中的票据，一边抬头看看大成一边笑着说：“大成你是不知道，前几天刚交完物业费，这工资到手花得才快呢！你要不急，等开工资时给你拿个二百三百的。”

大成啧啧嘴：“咱这哥们儿咋都混成这样！那算了，你开工资的时候我不也开了吗?”老李若有所思地停下整理手中的票据，呵呵笑起来：“这脑袋给我忙活得都木了，可不是，那你也开了！”一场拒绝在小小的自嘲中结束了，更确切地说拒绝是过渡到备用方案上结束的。

如果老李直接说没钱，未免伤了同事面子，如果只说自己难处，也同样是没有体现出想帮助同事的心情，所以他很智慧地找到了“开工资”这个备选方案，当然他更知道，同事们开工资都是一个日子。

【智慧屋】

在拒绝中一气呵成地过渡

在开口拒绝的时候，很多人会大篇幅地停留在自己的为难之处，但却恰恰用错了时候，表达难处不是不可以，而是应放在事有结果时补充几句更显真诚，毕竟这不是对方内心真正想听的内容，但如果放在结尾处则有安慰的作用。建议在拒绝意思表达过后，不用给对方反馈的时间，而是一气呵成地给出备用方案，再让对方思考，这样沟通的重点将从“拒绝对方”改变成“换个方式帮助对方”，而你们的沟通话题也将落在“这个备用方案是否合适”上，而不是冷冰冰的拒绝。

备用方案一定是两相成全

备用方案的出现有两种情况：第一是对方提出的主方案确实为难，但发自真心想要帮助对方，于是推荐出备用方案，其特点是在效用上可能有折扣，但真诚帮助对方也不让自己过于为难的目的不减；第二是不论主方案是否为难都要营造出为难感，借用不可行的备用方案委婉地拒绝对方，不至过于让对方感到冰冷。在这里体现的就是备用方案的真诚度，第二种情况也是因人而异。因此理性回避以牺牲、损减、放弃为方式的一方受益，上佳的备用方案一定是两相成全的，这样才保证了方案一旦实施的可操作性以及保护性。

推荐备选方案的关键在于真诚度和关切度

因为按当前的方案“没有办法”帮助对方，那么换成这个方案是否可行？在推荐备用方案的表达上，要具有真诚度，让对方收到你确实是想帮自己的态度，如果其中再热心地关切几句对方困难中的细节，以便传递出针对细节“因材施教”的意思，则更完美，让对方感觉你表达的并不是遥不可及的虚情假意。

其实在拒绝中，最大限度地避免对方的受伤心理就是发自内心的耐性与关怀。智慧是人类共有的，情商绝大多数也是水平相当，所以，更是要做到事情帮不到，但是关切的情意到。越是冰冷的事情越是要有温度地做就是最硬的道理，你要相信，无论真心还是假意，对方都会感觉得到。

三分拒绝，七分迎合，才会令人十分满意

用七分的热忱温暖对方被拒绝之后的三分失落，突出强调自己“无能为力”，为对方搭建足够高的情感台阶。这种拒绝不但不会伤到对方，反而可能让对方心理获得极大安慰，甚至成为一段性情相投的友情的开始。

同样是拒绝的本意，有人说出来把对方得罪得不轻，有人说出来哄着对方高兴地接受，差在哪儿了呢？其实拒绝这件事，终极结果只要表达清楚即可，大篇幅比重应该着重主观意愿。也就是说，明明你是拒绝的，却要用七分乃至更多的情感迎合，表示理解和热忱，缺的就是最后定钟那一锤而已。

公司新来的办公室主任私信运营部主管，通知说今天老板过生日，特意安排临近下班时间才告诉各主管，怕大家准备礼物，但还是希望一起分享快乐。运营主管听完后，陷入为难，因为今天也是媳妇生日，他已订好饭店，不过一口回绝又似不好，办公室主任无非就是传达老板的意思，尤其是新入职的，也不要误会成不配合工作才好。思索后，他微信回复主任：“今天也是我媳妇生日，换成任一个人我都得响应号召，难得大家借老板生日聚一块，也当给你接风入职了！”办公室主任接到

信息后，立刻明白他参加不了，但看话语间提到欢迎自己，也是喜上心头，好好地回了老板：运营主管确实是有订好的事，要不他肯定能来！

与此同时，运营主管又编辑短信给已离开公司的老板，祝老板生日快乐，并说明原因，且言辞间尽显庆贺之意，老板也很开心，毕竟都是通情达理的人。

在这次办公室主任的通知中，如果运营主管不表现出十分乐于参加，首先，情绪上就站错了立场；其次，毕竟新同事通知，特意提及欢迎新同事，借花献佛也是觅得欢心；再次，主动给老板发送祝贺信息也是淡化拒绝本质的技巧。第二天上班，运营主管也许还会大大方方谈论起昨晚的欢乐时光，这些都是迎合的碎片，拼凑在一起，力量则不可小觑。

佳佳的辞职报告递上去后，老板迟迟没有回音。她走进老板办公室，老板一脸严肃却透露出真诚的笑容，以她了解老板的性情知道这是他有挽留的意思。老板说：“佳佳，你来公司时间虽然不久，但是很合拍，因为结婚的原因就辞职，我觉得不至于，你完全可以请假嘛！”佳佳领会老板好意，也知道他轻易不会这样挽留，但因为自己的家事不得不离开，于是“拒绝挽留”成了她此刻必须面对的。她认真听着老板的话，多数是静静地听着，偶尔还会点头，或者孩子似的抿嘴微笑，一丝一毫都透露着真诚。佳佳说：“陆总，您说的我都理解，要是论个人情感我一点也不愿意走……您这么看重我，还派我出去学习，同事也都越来越配合，要不是自己的事实在推不开，我是真的不想走。”一番话，陆总显得有点伤感，就着佳佳的舍不得打开了话匣子，佳佳虽然拒绝了挽留，可在情感上的共鸣让公司老板觉得安慰，佳佳自己也觉得很受感动。临走时，她答应了老板元旦聚会时还要再回来一趟公司，吃个全家宴……

或者说上文中佳佳的三分拒绝七分迎合是三分结果七分情感更为准确。在拒绝的过程中，守住一个结果就足够了，何必还要强调情感上的剥离呢？越是背道而驰的结果越是要信念相投，才更能让对方理解，在惋惜中期待再续“关系的缘分”。因为三分的拒绝却有七分的性情相投和理解包容，那么正常人都会认为这是品行相投的朋友，抛开一时的失落，还是有几分留恋的，自然给予的宽容度就更高。

同事来家里做客，却带着贴身的小宠物狗一起来。她并不知道，邀她来做客的同事天生怕毛茸茸的动物。可是人已经到了门口，拎着水果按着门铃，邀约的同事还是赶紧热情地开了门，并且对小宠物狗一顿夸奖，还关切地问道“它几岁了，什么名字啊”等等之类的问题。当同事被邀请落座沙发之后，小宠物狗开始了活动，因为也是不错的同事，性情相投，所以邀请人对她自然不像其他官方同事一样过于形式。邀请人说：“这也就是你啊，小东西虽然可爱，但我从小害怕，你要不领着我可不敢离它这么近。”她的表达也很委婉，是在含蓄的沟通中传递出了怕狗的意思，可是却又强调了和这位同事的亲近。让人听了，既了解到她害怕狗的意思，又一点儿也没有不高兴。接下来，同事十分注意管教自己的小宠物，也不可能再次带来了，在此也有了一个很愉快的周末。

拒绝本身是件不可回避的尴尬事，尤其作为被拒绝的对象，内心的失落和不爽是无论如何也按捺不住的。但是如果用七分的迎合做好情绪的铺垫，并重在引导，那么在三分拒绝未出口时对方也就理解得差不多了。这种“按捺不住”将被“软化”在萌芽当中，让对方接受起来并不会毫无防备，也就不存在下不了台而伤自尊心；同时这七分铺垫的工夫如果做得足够好，在拒绝后不但不会伤到对方，也许还会收获一个性情相投的好朋友。所以说在拒绝中建立好人缘，绝对是门学问。

【智慧屋】

拒绝也要听对方把话说完

听对方把话讲完首先体现的是你的修养，同时最重要的是让对方领会到你对他所说内容的重视，从而展现出对他的尊重。这首先为拒绝打了良好的印象分，而且在形式上避免了出于主观不想才拒绝的可能。

拒绝也要把对方的诉求在重复中显露理解

技巧性地重复对方的诉求证明你已经听得很明白，所谓技巧性不是原字原句地复读，而是在沟通中自然而然地将意思重申，让对方收到你已听得很明白的信息；同时表示理解，在主观情感上传递出心情相投，和对方立场一致，最重要的迎合碎片就来自于这个部分。

反转式的三分拒绝说明七分迎合的到位程度

如果说你的三分拒绝在沟通的话语中呈现出“反转”态势，则最大限度地说明刚才的迎合在“形”上已经到位，也就是说“该说的话说了，该捧的场捧了”，然而在“势”上则要求营造出“自然反转”的状态。这里指结局反转，但表达态势上自然而然地切换，不会让对方沉浸在上一个话题中出不来，跟不上思路，七分迎合在拒绝这个三分的主题上也要具备“引导”效果。

拒绝常常让人觉得是彼此关系中危险的元素，生怕在一次拒绝中就此中断彼此联络，或者产生隔阂。然而，如果全程是七分迎合而只在落地的结果上三分拒绝，不但不会影响你们的交往，还有可能让你收获一个性情相投的朋友。当然，这过程之中的核心轴就是真诚，它会透过你的每一个表情，眼神细微到指尖而流露，真诚地迎合和拒绝，才是让你收获好人缘的最基本法宝。

你可以说“NO”，但要让对方体会到“YES”的态度

有人说，只要活着，就是在不断地拒绝别人与被别人拒绝中轮回。初听起来觉得感性，分析起来觉得在貌似荒谬中又透露出理性。从每天清晨闹钟嗞嗞啦啦响起那一瞬间，你在拒绝着这种全世界最难听的音乐，抗衡着例行 8 小时的开始；踏进职场大门的那天起，你希望得到同事热情的笑脸，其实是内心拒绝陌生的写照；面对客户提出的超高条件，你选择说服，选择拉长剪不断的战线，其实是拒绝对方要求的一种缓冲；回到家，当推开门的那一刻，你选择用笑脸代替工作遗留的烦躁，你不想影响家人的愉悦，深层次也是渴望得到家庭的温暖而拒绝亲人之间的冰冷……原来如此，我们其实是在用各种各样的方式甚至是手段，正面或侧面、直接或委婉地拒绝着我们内心的“拒绝”。而同样，自己也是置于别人生活中，这样数以万计的小角色之一。然而，尽管拒绝的本质和目的从理论上来看没什么不同，但因为每个人处理拒绝的方式有别，得到的效果也各有不同，所以一样的 24 小时，有人过得开心，有人过得失落，有人在哭着鼻子，有人在把酒言欢。

一波早已约好的小范围同学聚会定在周末，悦儿一边开着车一边和身边的同学李言说：“今天是周末，咱小聚后 KTV 嗨几曲儿。”李言曾

是高中时候的学委，悦儿一直是班长，能张罗，人也热心肠，这是一次她精心策划的小范围聚会，从她准备的随手礼中的卡片就看得出，是用了心的。李言内心很为难，今天刚好也是媳妇那边一对朋友从成都回来。这对夫妻曾经在李言和媳妇生意起步时主动借给他们5万块钱周转打点，李言是个懂得感恩的人。尤其在他看来，对媳妇的朋友他更是要表个态度，但是看着悦儿这份兴致又不好摊牌晚上不但没法参与第二局，很可能第一局的聚餐也要中途离场。

不过拖延是拒绝中的大忌，这只会让不好开口的局面更加难以收场。李言开口说："悦儿，一会儿几个同事到了，你先组织着，我这边媳妇今儿有俩朋友也刚好回来，以前帮过我们，不能让人家冷了场。两头我得舍一头，先可咱自己家人这边舍吧，毕竟那边是客！要是结束早我再回来赶第二场！"悦儿侧着脸看了看李言，脸上抑制不住失落的神情："咱都提前多少天约了，可不带你这样的。"

"所以你还不知道我，毕竟人家帮过咱，要不是推不掉，我能不过去吗?"李言一脸真诚地说，嗓音提高了几分，流露出着急为难的意思。

果然，第一场聚了半路，他提前离了席，几个同学都纷纷"吐槽"说李言不讲究，啥重要事儿非要今天去……

李言赶到那边时，媳妇已经接到朋友，初次见面酒过三巡又要表示出盛情难却，李言是想回也回不去了。后半夜一点时，他给悦儿发了私信，又在群里给大伙"道歉鞠躬"，正在返程路上的同学在悦儿车里看了群里李言发的表情后，带着醉意大笑：要不是他今个儿实在有难处啊，肯定也喝多了……"这一言像是触发了"蝴蝶效应"，大伙儿纷纷骂李言不讲究，又赞李言历来都是个讲究人……

在这次聚会中，李言的拒绝力实在是一流的。他对好朋友走的是真挚路线，重要的是在拒绝中表明立场：被拒绝的是家里人，需要接待的是客人。这让被拒绝的悦儿收到信息虽然不爽但心中确实温暖；他对其他同学走的是余温安慰路线，大家虽然可能已经聚完散场，但是他的再次联系和道歉，让朋友们感觉到李言没来，确实是没有办法。即便没来，但是心系朋友，这边的“情谊”虽然没叙上但是更受重视，所以大伙儿一边骂他一边爱他。

张姐火急火燎地去人事部门填请假条，一边写字一边和李经理交谈：“这个看房子的人啊，都约了我两回了，非求着我现在看一眼。我看他挺诚心，这不回去折腾一回吧。”张姐最近在卖老房子，一个城南一个城北，来回要开车45分钟，这个快下班的点看了房子就接不了孩子，她实在不想折腾，又被对方的诚意打动。

快到下班的时间最堵车，45分钟的路开成了65分钟，终于和客户碰面，带着看了房子的角角落落，对方表示还满意，就是在价钱上还要再开个家庭会议，对方承诺最晚第二天回复。张姐舒了口气往城南返。结果还没开到家，微信上对方发来消息，大意是商量了下，选择另一套房子了。但是一个拒绝的信息，对方愣是写出了短篇小说的效果，足足有二百多字，主题是拒绝，以及折腾张姐来一趟的道歉；还有就是对房子硬件条件的肯定，结尾处又跟着一连串的抱歉表情。

张姐看完欲哭无泪，气得心里骂娘，因为她请假、堵车，结果还没到家就收到拒绝的信息，心里顿时比眼前的交通还要堵，但是她却没法真正生气，因为对方的拒绝实在很认真、很抱歉、很尊重。她除了为自己这次折腾很遗憾很恼火，居然一点儿也生不起对方的气，因为她确实从这些文字中感受到了，对方是在很尊重自己这趟付出的态度中发的这条拒绝的微信。

真诚，是会透过你的眼睛、动作、话语、语调等传递出来的，它是安抚不满的最好武器。不需要再强调道理，不需再强调理论，感性的真诚就像是伤口的一道黏合剂，于恢复来说是有益无害的。

自从小艾提出离职后，董事长三番几次的挽留实在是诚恳，小艾的拒绝显得太不念情分了，毕竟受到领导赏识和重视是不容易的，她也是极为感恩的。但是一旦已经决定，依照她的性格也就必然要这样选择。董事长一再强调："工资会涨，虽然我相信小艾你并不是想要涨工资才这样做。公司需要人才！"

正在听董事长苦口婆心地良言相劝，小艾也十分感动："感谢您懂我。我绝不会以涨工资为目的提出离职，您知道我不是这样的人。"然后站起身来，深鞠一躬："只要以后我需要工作，我都希望您能接纳我。"董事长因为这一个鞠躬也很受感染，忍痛割爱，同意了小艾的再次拒绝。但是心中却对这个姑娘的评价更加高！

小艾在整个过程中，任何一句拒绝的话都以十分尊重董事长的言谈态势表达出来，且越是拒绝得决绝，越是尊重得到位！

任何职场精英都不惧挑战，人性内心的根本也是善恶分明，几乎人人都有"遇强则强，遇弱则弱"的心声回应。所以有俗语说：人怕三分敬！越是要拒绝对方，越是要把对方置于高地去"敬仰"。相比起人性本欲的逞强，这个时候示弱则是一种智慧。

【智慧屋】

耐心倾听过后再拒绝

即便是听了一半你就已经断定，没有办法满足对方的需求，也要耐心倾听对方把话说完，因为在这个过程中，对方会从你的耐心中判断出对自己的尊重程度，即便是事情不能满足，也有了对事不对人的基础条件。

充足的理由会让尊重感加倍

很多时候，在拒绝这件事情上没必要潇洒，有的人说：不想就是不想，不能就是不能。这无疑是敷衍了事，耍自己的性格注定是要吃亏。不如给出充足的理由，博得对方在道理上的理解，来平衡在情绪上接到拒绝信息的落寞。重要的是，对方能通过你表达理由的过程中看到你的认真，而你的为难程度有多深，也侧面证明你的尊重有几分。

真诚是拒绝中体现尊重感的灵魂

一切技巧再高深，被定义为技巧层面，就会有迹可循。而实例证明，虚情假意的东西总有保质期，想要透过拒绝传递出尊重感，博得对方的理解甚至是对自己的支持和尊重，一旦少了真诚，再足的戏都只能是戏。所以，真诚地表达自己的为难、真诚地流露自己的所想。拒绝虽然是当下事的终点，却也可能是收获对方认可自己的起点，毕竟人们总是喜欢“真诚”的人。

是人们通过智慧的渲染把“拒绝”这件事不断地调温、包装、转变性质，才有了人际中的你来我往。拒绝的语言千变万化，表达的形式也不胜枚举，但是想要在拒绝中最大力量地营造出温度，请你务必尊重对方，用你内心最想让对方听到的语气、最想让对方看到的表情、最让对方感觉温暖的肢体语言向对方说“NO”。

共情换位，是友好拒绝的前提

我们经常听见“换位思考”这个词，然而这只是表象，真正的“换位”必须要“到位”才算成功，也就是与对方的感受、心情同时在一个临界点，这样才能真正地感同身受，也就是说所有“换位思考”的实质就是“共情到位”。在我们日常面临拒绝对方的同时，如果能够发自内心地感受到对方所处的位置和难处，即便帮不上忙，你也会真诚地给予态度上的温暖和慰藉，作用到拒绝的过程中，令对方心里相对容易接受，不会认为你是一个冷酷或者袖手旁观的人。而这恰恰给拒绝方一个定心丸，拒绝这件事之所以让我们像热锅上的蚂蚁一样不安，就是因为担心拒绝过后，对方误会、关系冷落甚至怀恨在心。但如果处理好这个过程，这些负面情绪大可不必有。

李阿姨在公司是出了名的好人缘，几乎零差评，这对于一个食堂管理负责人来说难得程度可想而知。几个同事聊起来，有人说李阿姨都54岁了，可能因为这个年龄在这受尊重了，可是库管经理今年也50开外了，因为发货物流的问题经常要在会上和大伙儿解释，部门的投诉往往弄得副总也焦头烂额；也有人说李阿姨愿意帮助别人，对于别人提出的要求都能热心地回应。在这一点上确实，李阿姨总是笑脸相迎，像邻家大姐也像自家阿姨，看不出她有一点老姿态的意思。可是前两天，销售部想给临时拜访的客户起个小灶，因为没有像样的食材李阿姨也拒绝了，但是销售部却一点意见也没有。几个正吃中饭的同事纳闷着，看到副总来找李阿姨，因为离得远，大概意思是副总想要每晚下班时食堂出5个人的饭，把公司在外租房子员工的晚餐问题解决了。李阿姨听了脸上流露出喜悦的神色，笑着对副总点头示意，公司做这个决定真的是太好了，为员工着想，也给孩子们归属感。但是随后李阿姨表情上略微犯起了难：公司这个决定不怕麻烦不怕付出就想让员工有晚餐意识保证身体，但是食堂要加这五六个人的餐，炒菜师傅就得在，还要兼职主食加工，食堂不能正点下班，值班师傅就要刻意关注水电，她这个食堂负责人原则上也应该在，这么一来公司投入成本似乎太大了。听了李阿姨的话，副总稍显犹豫了，显然，李阿姨已是在委婉拒绝，但是因为她处处强调这个决定给员工带来的好处，公司为员工着想的一片心情，在阐述拒绝理由的时候也是用商量的语气和态度。最后，副总决定给在外住宿的员工一定的餐补，用来代替公司的原决定，双方得以成全。

李阿姨的好人缘是因为处处帮助别人了吗？上文看来未必，就连副总给出的决定她也是敢于“博弈”的，如此看来李阿姨不仅不是一块“万能砖”，而且还是有见解的人，对于量行之后难以做到的事情给出反对意见，那为什么她又可以收获好人缘呢？因为她懂得“共情换位”，在听到对方诉求之后，她迅速在情感上和对方站在同一站线，因为了解而产生了理解，并且会在言语表达中传递理解，让对方心里得到一定满足，双方成了“商讨”的角色，甚至是扮演了对方倾诉的“知音”，即便最终得到的是拒绝，对方收到的也是：李阿姨从心里理解了自己。好人缘要的究竟不是形式，而是知心。

苏兰和李瑞是多年同窗，可以说关系极为笃定，微信上谈天说地，外界曾一度认为两人是青梅竹马，天造地设。苏兰遇到家庭变故，因为急需用钱甚至要周转房子，苏兰一向是心气儿极高的人，这么多年不轻易向朋友开口，可房子需要周转，眼前急用一笔钱料理家庭事故，她于是和李瑞张了口，可这一次的开口，苏兰决定永不再和李瑞提钱。

“下个月我可能要用点钱，方便的话先借个五六万，回头就给你。”苏兰在微信里打字说。

多年好友，李瑞并没有拒绝，而是十分痛快地发来了“OK”的表情手势，苏兰看了很高兴，她等待李瑞关切地问她钱要用在什么地方，这些是否够用，还能不能帮上其他什么忙……她内心设计了“百问百答”，结果却没有想到，李瑞未提出任何疑问，凭借多年交情，这不是什么敏感话题，李瑞的爽快和不问让苏兰受伤了，在她眼里李瑞的不闻不问和拒绝没什么两样，因为他并没有想过了解她而为她分忧，共情到位理解她真正的难处，给予朋友的温暖。

再后来，苏兰并没有真正从李瑞那里拿钱，她没再提起这件事，而李瑞也没再提起这件事，两人还在偶尔聊着天，只是聊着天而已……

上文所提到的是经典的“共情到位”的反转式，如果能够做到对“求助者”给予理解和慰藉，即便是没能从实质上帮到对方，也同样能收获好人缘；可如果像上文中答应帮助对方，但却未能给予情感上的体谅和关怀，即便有了实质行动也会让人觉得欠点火候。

王姐今年37岁了，一直没有组建家庭，可是她养了一只宠物狗，对这只小狗的感情深厚得像自己的孩子。她有自己的闺蜜小圈，每天除了上班就是回家照顾小家伙，和朋友们聊聊天。今天她回家后小狗从沙发上跳下来一个不小心摔断了左腿，它疼得惨叫，王姐急得不知所措，赶快联系车送它去医院，拍片子、包扎、手术、打钢钉……王姐早就把小家伙当成了自己的孩子，一声声的惨叫听得她心如刀绞，手术在夜里将近12点才结束，小东西在她怀里连委屈带痛苦地呜咽着，她半夜往闺蜜的小群里发了个小家伙的视频，然后说明了发生的情况，后面加了个大哭的表情。群里一共5个人，但是在大家了解了情况之后最好的安慰就是个拥抱的表情，除此之外别无其他，几个人很快岔开了话题，聊起了皮肤管理，还问王姐多年的护肤心得，因为她的皮肤出了名的好……可是王姐没什么心思，她有点失落，她希望自己的朋友们，能够感同身受，她看到小家伙的断腿，它筋疲力尽地躺在小窝里，眼泪根本就止不住。她是个很感性的人，这些年大家也都知道，她可是把小狗当成了家人，可在朋友眼里狗却仍然是狗。

大家的轻微安慰以及快速地岔到别的话题，说明大家其实根本没有“共情”，也就不可能“到位”，也就无法感同身受。王姐内心很是失落，从她发到圈里那个大哭的表情就能够看出，她此刻的无助和难过也需要慰藉，可是她没有等来她想要的那种关心。

感人之所感，知人之所感，才能真正精准地切入对方的心口。人际交往中最缺的从来都不是客观的分析和理论上的建议，缺的是：感同身受和同频共振。即便是你不能够真正地施以援手，但是施以情感的安慰和共通，就能获取打开对方心灵的金钥匙！

【智慧屋】

用关切的语言共情

对方提出请求后，无论能不能满足对方，也无论答案何时给出，都要对事情本身加以关注，以表示在心情上理解，情感上关切，让对方收到你绝非“冷眼旁观”的态度。

用真诚的表情共情

听对方诉求的过程中切忌皱眉，因为从心理学角度来看，当对方请求帮助时，自信心会大大降低，此时你的一个细微表情会在对方心里无限放大，所以切忌流露出“无耐心、躲闪、棘手”等负面情绪，要真诚地注视对方眼睛以下的部位，避免长时间眼神交汇造成对方不自然。倾听过程中要适当点头以表示理解和认可，适当的时候流露出微笑以表示安慰和亲切。

流露自责共情到位

在拒绝对方的沟通过程中，阐述拒绝的理由时，无论是逢场作戏也好，还是真情流露也罢，可以稍显自责，比如轻微地皱眉、适当对自己的“给予力”否定式摇头，让对方明白“你很重要，我们的感情很重要，但是这件事我却没有办法”。这样，即便是对方收到拒绝也会大大降低被轻视感，也是极大程度地保护了对方的自尊心和自信心。

PART 2

放弃“存在感”奖杯：
别让不好意思害了你

别人处处有需要，你就事事到。这样，你往往会面临帮助别人一分，乱了自己生活五分的糟糕结果。拒绝不是冷漠，而是更加智慧地营造“存在感”。有分辨、有选择、量力而行的帮助才可能彼此成全。

十分为难拒绝事，十二分认可接受人

不少人常常碍于“低头不见抬头见”把自己死死困住，成了有求必应的“万事通”。纵然心里百般为难，但是想要把这为难开口表达给对方，更是难上加难。一边想满足对方的诉求，避免对日后关系产生负面影响，一边又想维护自己的权利和心情。你一定想问：两全其美的办法是否有？其实，这本身就不是鱼和熊掌的关系，为何不能兼得呢？

相信大家都有因为应酬需要喝酒的时候，有一些人在酒桌上十分“混得开”。可也未见得每次酩酊大醉的都是他，但是情分最到位的肯定有他一个。

李生是公司的监察部长，客户远道而来，他陪总经理出席招待，但因为痛风的前兆，他不得不放下酒杯，这让端着分酒器的客户不太畅快：“早就听说李总是小武松，三碗不过冈，怎么和我们就滴酒不沾了？”总经理也很为难，不知道这老李什么情况。李生拿起一只大碗，倒上白水，起身相敬：“张总看出来是个急性子，咱俩一样，酒还没倒完我就必须得以水代酒自罚一大碗！要是论感情，电话里联系得热火朝天，真人露相了我得和您连干三大碗！可是这身体不给力啊，正发痛风呢，为了下回你来时我能喝六大碗，这回就只能放下酒杯了……”老李连连抓住重点，论情感十分到位，论身体却太不给力，自己也着急上火，客户听完不但不劝酒了，还主动陪喝一大碗！

总经理面露微笑，十分满意。这次的招待宴上，老李虽然拒绝了喝酒，但是对客户的情感认可一再飙升，丝毫没有影响到氛围。

其实有不少人遇到过老李这样的情况，明明自己的身体不允许或者不胜酒力，不喜好酒，却总是在集体聚会或者招待宴上硬着头皮陪着，自己喝得难受，对方也可能没有感觉到开心。其实类似应酬这样要求表面十足光鲜的场合，重点不是酒，而是情。强调对人对情分的认可，比不言不语地干一杯酒“有后劲儿”得多！这个时候再自责不胜酒力，让对方在被拒绝时面子上能够缓冲接受，也在心里能够持续余热，而且如果后续“文章”做得好，是完全有力量能够弥补拒绝所带来的缺憾的。

【智慧屋】

先肯定后拒绝永远错不了

任何的拒绝中，这种先扬后抑的方式都是大为见效的。想让别人能够体面地被拒绝，自己的社会交往也不受负面影响，那么一定要在了解对方的诉求后，先肯定对方的想法，重点突出对方为人所带来的“投缘”，给“拒绝”这口冰冷的水用感情加加温，这样对方喝起来就不会那么冰了，你也不至于蹑手蹑脚。

重点强调对事不对人

我们常在工作中听到这句“我是对事不对人”，其实在无数实例中获悉，对方听了一定程度上也会不舒服，但是这句话难道就多余吗？大错特错。事实证明如果没有这句话的“友情铺垫”，正常情商的人心里都会泛起自尊心被伤的涟漪。所以，当我们拒绝一个人的时候，一定要重点强调“对事不对人”，突出强调对人的认可，但是对事确实是无能为力。

拒绝也是一件身体力行的事

不要以为拒绝只是嘴上说得明白就可以，话表达出来是需要具有感情色彩的，你不想影响日后的关系，就一定要重视表达“拒绝”的过程，肢体语言和表情一定要到位。可以有必要地配合手势，相对亲近不做作的距离，表示遗憾自责的微妙皱眉，表示认可对方诉求的点头和微笑等，总之，让无声的语言为感情色彩加分。

当翻开《拒绝力：如何掌握办事的分寸和尺度》这本书，我们就要明白，拒绝不是冷漠的代名词，相反大多数情况下是权利的合理运用和情绪的自由表达。只有你内心真正地理解了、认可了，你的所做所言才会具备一定自信和导向感。拒绝不是亏欠，如果能在拒绝之后适当给予对方一点自己的理解和建议，也是一种温暖。当你犹豫不定，备受拒绝的困扰时，要相信你自己已经足够善良了。

拒吃“独食”，分享才是硬道理

一个好的领导从来不会当众邀功，一个聪明的下属从来不会独自承接盛誉，一个优秀的团队肯定是共同高举奖章，一个成功的老板，谈到收获肯定是人才当先。人性的贪婪，让绝大多数的平凡人面对虚荣无法拒绝，可是那一小部分懂得拒绝独享的人，就是成功的先行军！

无数实例证明，在一个人被授予荣誉时如果拒绝“独享”，而是去与别人“分享”，不只原来的荣誉没有损失，反而会彰显很多美好的品质，比如会感恩、有胸怀、有格局等，分享是让荣誉无形加倍、无限放大的智慧之举。

获得诺贝尔奖的屠呦呦面对各界采访表示：获诺奖是一个很大的荣誉，青蒿素研究成功是多年研究集体攻关的成绩，青蒿素获奖是中国科学家集体的荣誉。这也标志着中医研究科学得到国际科学界的高度关注，是个入口。

屠呦呦“拒绝”独享荣誉之所以是众多获奖者一致看齐的方向，是因为这确实是一种最为“安全”的获奖感言，一起共事的同事，一个工作组的搭档，获奖者的组员……都有很强的合作关系，单枪匹马的个体获奖是不现实的，站起来接纳荣誉的人一旦分享荣誉，则获得的无形奖杯更有分量。

我们对于明星参与的颁奖典礼有着乐此不疲的欣赏欲，因为里面的俊男靓女实在是养眼，但更多的是关注明星在公众场合的气质和智慧，尤其站在领奖台上时候，面对荣誉的盛赞，很多人激动不已，但是绝大多数的获奖感言的版本却如出一辙：感谢我的团队，感谢我的家人，感谢节目组……但这种如出一辙的庸俗智慧还确实不能没有，荣誉不能独享，在公众场合更是要懂得广撒谢意，懂得感恩，这成了明星的道德品质的一大标准。当然，即便在大众之间也是一样，比如孩子们从幼儿园开始，老师就教：要懂得分享。因为真正的分享确实让快乐倍增，而于人际交往、人情往来、情感交流也是有利无害。

年底公司评比最优秀中层干部，财务部长当之无愧获选。全公司人都看得到，一个月他几乎有 18 天以上都在加班。当主持人宣布获奖名单后，请财务部长上台领奖，他信步走来，接过话筒发表感言，说：“我想请我这个优秀干部荣誉最大的付出者，我财务部的员工全体上台!”他表情真挚，毫无迟疑，话音刚落台下一片掌声。再看财务部 7 个人，相互看看，掩饰不住的喜悦和感动，走上台后，他们围绕在财务部长身边，财务部长把挂在自己胸前的花环拆开，人手一小撮鲜花，颇有大家长的风范，然后说：“我的荣誉要分享给我们部门的伙伴，这是他们应该得到的，而我们部门的荣誉也应当分享给全公司，因为他们配合得好，也是应得的!”台下一片掌声经久不断，财务部 8 个人共握拳头举起一个约 28cm 的奖杯，摄影师把这个瞬间定了格。

上文中，财务部长的获奖感言很少，但是每句话都很有分量，因为实实在在地接了地气儿。还有不可忽略的是，在“拒绝独享荣誉”时，真诚不能少，表情和肢体动作无时无刻不在流露内心的语言，再多的技术都比不过真心最能打动人。而这样一个“拒绝”，看似将荣誉分享了，其实却达到了加倍的效果，在公司领导和同事眼里，财务部长不是一个邀功的人，更不是见利忘义的人，其他部门人员可能在羡慕能追随一位这样的领导，而本部门的员工从此更是全心全意听从指挥。这种“拒绝”实是一种智慧，更是一种胸怀。

丈夫下了班，开门时哼着小曲儿，她听得出来今天他很高兴，扎着围裙一边择着手里的蒜薹一边笑着问：“什么事这么高兴？”

正在放钥匙的丈夫看到妻子，更加喜上眉梢，他拉过她的手坐在沙发上，兴高采烈地说：“知道吗？今天我收到单位通知，向上晋了一级，这事果然准了！”两人按捺不住多日以来期盼的喜悦，几乎雀跃起来！但是丈夫又一点点严肃起来，看着妻子，他接过她手里还没有择完的菜，认真地说：“我所有的荣誉都应该是你的，你是别人看不到的那个最努力最辛苦的‘我’，谢谢你老婆，这一级其实是给你的！”说完他温情一笑。妻子被这样的好消息和温情的告白完全浸润了，她十分感动，所有辛苦感瞬间烟消云散，内心感慨自己没有嫁错人，闪过当年结婚时的不易，一切都值得了。

这个小情节，是几乎所有家庭中都会遇到的。荣誉加冕分享给另一半，并给予肯定和加以称赞，更是婚姻的智慧。

【智慧屋】

有分寸地拒绝“独享”

所谓的拒绝不是要夸张或者违心地说：“我不应该得！”相反，应该是大大方方接受这份被授予的荣誉，这是第一步，然后将这份荣誉以分享而不是馈赠的方式嘉奖与之相关的人，与你一起共同获得殊荣。注意这里不是“转让”，尤其是企业单位以及公众场合的颁奖典礼，这种转让荣誉原则上存在直接质疑授奖方判断的微妙话外音。

有尺度地进行“分享”

在电视节目中，我们不难看到，原本属于一个人的奖杯，转到另一个人手中，拍照时并未见得后者多么开怀，反而会有点难为情。这是明显分享尺度过大的缘故，集众人目光于一身的后者略显尴尬，这种分享不但不能在情绪上得到对方的共鸣，反而会对自尊心相对敏感的人产生负面作用。记得分享是奖杯共举，荣誉共承，而不是形式上的转让。

拒绝和分享都要加入真情流露

如果你在探寻拒绝和分享的过程中，还在思考怎么来组织语言更出众，一旦产生这种心理，70%可能是一场形象工程，而并非发自内心。这样的基调一定，再拍案叫绝的技巧都要逊色几分。万能的方法是“真情流露”，把你最期盼得到的荣誉分享给让你心底里感受温暖的人，给予你支持最多的人，这样想来，答案并不难。确实得到了温暖和帮助，那就真实地分享，有时修饰是多余的。

“分享”注定是一场先舍后得的轮回，在荣誉面前更是具备极佳的反转效果，所谓“助人者自助”就是这个道理。

前瞻智慧：优先给自己“贴标签”

拒绝对方的“有求于你”，不如封住对方的“想要有求于你”。洞察对方的心理，未开口却意先到。优先给自己贴个标签，恰好不能满足对方的所求，将一场智慧和情商的拉扯消于无形之中，既给对方保留100%的面子，又不给彼此留下1%的尴尬。

自己没有心力或者确实没有能力帮助对方提出的请求，但都是朋友或者同事，一旦对方开口，不得不硬着头皮去帮，或者尴尬为难地拒绝。有时恨不得自己吃点亏把对方的事给办了，想逃过这种拒绝别人的“劫”。现实中这样的情况大有人在，拒绝别人的请求比请求别人办点事还要挑战心理！

于是很多人在想，什么样的暗示能让对方收到就不再开口求助，这样免得对方尴尬，也不用自己拒绝，将这种心理历劫消化于无形之中最好。

大张和老刘一起抽烟，他最近听其他同事私下里聊起老刘家里出了点变故，正在闹离婚，说来说去还是财产分割那点事儿，听说要给媳妇拿20万，房子归老刘。他正四下里和同事借钱，大张自然也听说了这件事儿，但是想到老刘平时逢赌必上、逢上必输的情况，借钱给老刘，他实在是心里没底，况且万元打底的数目不小，自己家里人也未必同意。烟抽到一半，大张愁眉不展地说：最近股票行情太不景气，自己被套了四五万，钱一下就不灵光了，还没敢和媳妇说这个情况。没等老刘开口，大张首先主动给自己贴了个“钱紧”的标签，这让老刘也没法再开口借钱了，这个口没开，自然也就不会伤及同事情面。这个前瞻智慧让大张巧妙地避免了正面拒绝的尴尬。

这种优先“贴标签”的关键所在，是了解对方所想，才能对正地贴上一枚有效标签，这和情商有一定关系，和洞察智慧有一定联系。如果大张没有听说同事私下议论的事情，也没有洞察好时机，而是让老刘抢先一步说出了自己的需要，就算不上“成功”贴标签，一定要在对方说出口之前，优先给自己贴上标签，才会彻底地避免尴尬。

在2017年中国企业领袖年会上，董明珠一直是业界大姐，范儿十足，这次当然也没有让人失望。她站在发言台上发言，风趣又强势地给自己贴了个标签：好多朋友想和我拍个照，但我又有点想生气，你拿出的手机都不是格力的。此话一出，台下笑声和掌声响起，董总给自己明晃晃地贴上了一枚标签：不用格力手机，我不想合照。这一方面，避免了名人拒绝合影的尴尬，以免被人说成“大牌驾到”；另一方面也是给自己的格力手机做了个硬广，对其他品牌风趣说不！前瞻智慧足以可见。

大道至简，你想拒绝的事情，如果要杀死许多颗脑细胞都未必搞定，那么就优先给自己贴上“一枚标签”：你是个怎样做事的人？你喜欢如何做？你又能做到什么？这样对方获悉后，自然具有辨析能力，知趣的、有情商的自然就懂得分寸了，而前瞻智慧的妙处就在于治“未尴尬”。

青青假期和老公一起回娘家，自己的老妈是一个热心肠，但是用青青的话说是“没有底线的热心肠！”青青和老公动不动就要接待从各地赶来的亲戚，家里在省城似乎成了一个中转站，多数都是老妈直接安排的，青青知道的时候人已经到了门口。这次回家，老妈一个老闺蜜李阿姨在家里聊天，说起自己女儿马上毕业，想出去发展发展。青青了解老妈，未等她开口直接说：“挺好，出去闯一闯，需要租房子我可以帮着找找，我们家就是空间太小了，住不了太多人。”李阿姨听完也连声说谢谢，送走客人后，老妈不太乐意：“还没说去你那儿呢，瞧把你吓的！”

青青说：“那我不提前说，你又安排到我那儿去，各种不方便，住得不愉快好啊？或者你说了，我当场拒绝你更没面子。这多好，我也主动说了可以帮李阿姨找房子！”说完青青继续择蒜薹。

如果不是优先给自己贴个“房子太小的标签”，李阿姨有意想让女儿去青青家住一段日子，青青拒不拒绝都是两不愉快。但这样一来，李阿姨的意思再明显却没有说出口，即便只隔着一层纸，只要不捅破终究还是涉及不到人情往来的关系拉锯。

“我是一个在生活上能力很差的人。”两个同事一起出差，晓晓这样说。因为同在一个办公室，同行的同事一直都有娇惯的公主病，这事大家周知，这个周知也给她贴上了一个标签，无法照顾别人，甚至需要同行的同事照顾她。这令飒爽的晓晓很是不快，她甚至觉得公司应该派个雷厉风行的人出来做事，而不是娇滴滴的小公主，自己更是不可能照顾她的生活起居，提醒她水龙头左开是凉水，右开是热水，只要一想头就疼。

所以，在动车上，晓晓这样说。而且还列举了诸多个生活上一塌糊涂的例子：忘记关水龙头、开门的钥匙忘记拔下来、丢手机钱包，等等。结果同事听了说：“你好像还不如我呢！看来这次出差咱俩各自把自己照顾明白就 OK 了，是指不上对方了。”

如果晓晓不提前打这个预防针，那么娇公主到了酒店一手不伸，或者烧个热水也不知道要不要先烫水壶，不去帮忙实在看不过，去帮忙又心不甘情不愿，索性“治未病”！优先贴“标签”比拒绝对方实在智慧和委婉得多。

【智慧屋】

前瞻智慧不是空穴来风

所谓智慧，不是一个人天赋异禀，而是能够收集多方信息，善于观察人的言谈举止所反映的心理活动，从而做出的基本判断。也就是说没有人天生聪明，完全了解对方想法，所以要善于观察和留心对方的表情、话里话外的意思，揣测未对你讲出来的情况。通过这些才能判断和决定你要给自己贴一个什么样的标签。

贴标签“贵在优先”

如果对方已经讲出难处和请求帮助，你再怎么贴标签也不会完美。而过多地强调标签的真实性也会造成多余的尴尬和情感漏洞，甚至会给人留下一个虚伪不真诚的印象。所以，既然决定贴标签，那就一定要趁早，底线是“早在对方请求帮助”之前，这样会避免一场不必要的尴尬对话和解释。

标签要贴得具体

禁忌标签贴得太笼统，这样涵盖的方向太大未免给自己以后的社交造成阻碍，比如说：我是一个不喜欢交际的人，这种大标签会让对方收到：你和任何人在任何场合都不喜欢交际和沟通。那么即便以后有对你有利的机会都会刻意避免找到你。而如果换成：我是一个不太喜欢和陌生人交际的人，这种标签则具体到了“陌生人”的范围，那么和朋友、同事都还是喜欢的。诸如这样的例子有很多，不要因为眼前的小尴尬而误了以后的大方向，贴出得不偿失的标签。

相处的艺术没有那么多的别有洞天，所有的智慧来自于实际点滴的汇聚。善于观察和揣摩将为你选择标签的准确方向，而基本的情商，则会让你把握时机适时地贴出这个标签，早于对方的请求是基本底线。而具体到实际人，如果是“短期拒绝”贴一个短效标签足矣，如果是想彻底拉开距离，那贴一个笼统的长效标签也未尝不可。

遇“冷水”更要“释暖”显胸怀

最近的网络流行词，叫作“佛系”，翻译过来就是淡看风云，不会过多计较或者关注某一项事物，一种得之吾幸失之吾命的人生态度。

女孩排队取票，接起电话，因为售票处的信号不好，她走出了两步，结果后面排队的人就占了她的位置。女孩回来时，微笑着却感觉不到柔弱，但更不是锋芒，她和后面的人说：“刚刚我出去接了个电话。”然后又重新回到队伍里，这时一个大姐到前边来依次商量能不能先让她取个票，车要开了之类的话，无人理会，女孩看到了，冲大姐摆摆手：“我的位置给你，我再去排，没关系的我并不赶车。”她说起这些时的言谈举止一点儿表现欲也没有，然后没等大家说过多的话，她就走向队伍的最末端重新排起队来。

女孩的行为算不得“佛系”，但是她的态度和流露出来的微笑堪称“佛系”，是让人看着舒服、毫无压力的一种晨光般的感觉。

揽得了九天日月，也下得了冰峰雪山，能屈能伸才是真正的职场高手！任何一个行走在社会大潮中的人，都会扮演各种角色，你在拒绝别人，别人也可能在拒绝你，但是大千世界，风格迥异，出众的人往往有共性：宠辱不惊，淡看风云。越是遇到“冷水”越是要流露出温暖的笑容，这是一种彰显胸怀的大智慧。

【智慧屋】

遇“冷水”要有常态冷静的言谈举止

每个人被拒绝时都会有尴尬、沮丧等消极的情绪产生，其中有相当一部分人因为这类消极情绪而产生怨恨、仇视甚至是不再往来的情况。那么你要做另一小部分，越是被拒绝越是要平静，但不是超然平静，而是保持常态冷静的言谈举止，以说明你虽然受到拒绝，但是有一种豁达。

正视“冷水”未必真的冷

对方不能满足自己的需求就将对方定性为“冷水”，未免太武断，我们应理智客观地看待事情，也许解读的角度和立场不同，就会有不同的答案，这也就是我们所说的真正的“释暖”显胸怀。也许是对方真的力不从心，也许是对方真的已经尽力而为，不仅仅以结果论功过，也是一种肯定，也是对自己内心的一种慰藉，确实于人于己都没什么不好。遇“冷水”更要“释暖”显胸怀，我们可以说这是一种有着高超技巧的相处之道，也可以说是一种胸怀格局的修炼方法，更是人性本质真实的显露，演不如技，技不如真，真不如实。

越不会拒绝存在感越低

你以为付出越多别人就越感激？事实上人性总是善忘，付出越多非但不能有强烈的存在感，收获更多的感谢，反而会给人们建立一种“习惯”，哪一天你不能再付出，连个普通人都做不了，反而成了众矢之的。越不拒绝你的存在感就越低，你收到的感谢也就越少，你这个人的标志就会越淡！

在日常的工作和生活中，很多人都以为自己越是多劳，越是有很强的存在感。但现在因为不会、不想和不敢拒绝，怕影响到自己在别人心目中的形象和能力，也希望能树立一种被需要被委以重任的存在感，所以，你一直都是一块“万能砖”。

HR招聘的过程中，通常会抛出一个最基本的问题：你最擅长和最想从事的工作是哪部分？有一些应聘者确实一时不能够说清最想做的事，也会为了博得HR的好感而回复：企业需要我做什么，我就可以做什么。显然，这并不是令HR满意的答案，因为越是万能砖越是没有突出的特点，也越说明你心底里缺少自信。

小A是办公室里的老好人，只要同事们家里有事，或者晚上有约会，但凡时间上周转不开，大家都会找她来帮忙。小A觉得这是同事给予的最好认可。然而，当年终优秀奖投票时，公司最有魅力的人，却不是她。小A情商不低，她觉得一年以来同事只要有事需要，她都给予帮助，任何请求都不拒绝，为什么最有魅力的人不是她，她刷出的存在感就像打卡机一样勤劳啊！直属领导告诉小A："你每件事都面面俱到，每个请求都从不拒绝，那自己的事有做好吗？而且你帮忙做的事情到底同事能不能做呢？是没你不行，还是有你更好？"

现实中有很多这类的例子，自以为乐在其中，别人心里却没有把你当成有分量的砝码，充其量是锦上添花，根本无法建立厚重的存在感。所以，首先要学会对自己并不情愿或者别人并不为难的请求说"不"，如果同事再找你帮忙代班，你大可以微笑回敬："晚上已经和别人约好，没办法帮到你。"同时，要注意用活泼明快的口吻，让拒绝的严肃性大大降低，也顺势给对方一个台阶。但更重要的是要自己建立自信，把别人的诉求当成真正的诉求，把自己的付出看成真正的帮忙，不是不可以做，分量轻重全在于你自己的掌握。锦上添花的事任何人都可以做，不具备建立存在感的筹码，可是雪中送炭则不一样，你要具备"炭"的能力才能去"送"。

分公司借租在朋友企业，共同成立了一个新动能部门。新部门由分公司主管领导负责，但业务由朋友企业的各部门配合。初来乍到，很多规章制度，公司人员都还不够熟悉，业务流程办起来也不够娴熟。

"领导，财务说咱们的发票额不够了，要明天才能开。"内勤回来很沮丧地告诉部门主管，他听后找到财务部沟通，本已经十拿九稳的事情却吃了闭门羹，财务部回复说，月末税务结账，发票额数有限，大额先开，小额延迟，这是公司的规矩。本想理论，但听到“公司规矩”四个字，他停住了，毕竟是和朋友合伙成立，又依附朋友公司平台为配套的主体，很多磨合是必要的。于是他回到办公室告诉内勤：和客户解释一下吧。

“领导，质检说这份检验报告上面的章不够清晰，不能入库。”内勤十分懊恼地回来，看得出也是经过理论后被驳回，受了点小委屈的。主管领导听过心情郁闷，明明是合伙成立的，搞得像是认证检查一样，各方面卡得又紧又严，想想真是不爽，他立刻找到质检部，但仍旧是彬彬有礼地问起此事。质量部回复：不符合程序，公司是需要担风险的，我们要为公司着想。为表明立场，心系大局，他放弃辩论，仍旧选择了和客户解释。

“领导，新来的货仓储部同意今天全部发走。”内勤回来开心地回复。领导一听喜出望外，公司向来办公效率延迟，冷不丁的超速，还有点不习惯，但是之前的拒绝带来的不爽就在这一刻似乎全部烟消云散！部门主管亲自去仓储部，给运输的同事送了点水果，顺便和仓储部负责人沟通表达了感谢。

也许仓储部负责人有点丈二和尚摸不着头脑，因为正常安排工作却收到这么多感谢，而其实，没有前几次的诸多拒绝，这一次部门主管根本不会意识到，正常的工作效率是多么可贵。作为借用公司新成立的部门，他一向习惯了所有事情按照公司先前的规矩制度来，也习惯了各部门把新动能部的事儿滞后，没有拒绝就衬不出这同意的珍贵。

【智慧屋】

别让“接受”成自然

如果一味地应允别人的诉求，一味地付出只会让对方觉得平淡，时间一长，反而习惯养成自然。降低存在感不说，一旦有一天自己不得不拒绝的时候，对方非但不能接受，甚至会产生负面情绪。

从不“拒绝”只会让你越来越软弱

万事应允只会说明你活在别人给予的认可里，这种被动的认可和荣誉反衬出自我内心的软弱。越是违心应允别人的诉求，越是映衬出自己内心的不自信。

饥饿“应允”让你越来越有存在感

在生活中我们不难发现，越是难以获得应允的人越是被人们所重视，从一次一次的拒绝中偶遇一次“应允”会让我们倍感难得。

物极必反，凡事有度。在人际交往的过程中，拒绝不仅是偶尔的心之所向，善用拒绝更是人际交往的助力剂，让你获得在对方心中的一席之地！

PART 3

不要自我绑架：
善良和懦弱只有一步之遥

你不会拒绝终究是因为不敢拒绝，不敢说明你内心有顾虑和担忧，所以一再自我牺牲成全别人。然而，当违心应承发生的时候其实也是自我背叛的瞬间，你想对得住所有人，却唯独对不住自己，你以为的善良可能只是因为懦弱。从今天起，你要做一个重视自己内心声音的人，爱自己才能有余温爱别人。

理性的拒绝是一种自我尊重

人生在世，有一些人遇到不同意见的时候，总是习惯维护对方的意见说对。有很多人觉得这是一种情商的体现，初期是没错的，但是时间一长，这种尊重和维护就显得没有了主见。但是也还有另一种情况：听到对方说起某个观点，他坦率地说不，但是随着对方的诉求加剧或者争论升级，他最后也一样没有逃开不坚定的立场，说了："那好!"

而事后又总是感叹，一个小小的"不"字如此简单，为什么说出口就那么难？也曾想跃跃欲试，但还是中途放弃。

有一位美国人，名叫杰克森。生活稳定又惬意，但是他对朋友感慨："我也有自己的苦恼啊，你们可能都不知道，我意志力太弱，对想拒绝的事，虽然我想说不，但是最后还是几乎被说服了，可是结果其实并不是我愿意的。"

朋友笑着发出疑问："那最后是什么让你做出了妥协呢?"

杰克森想了想说："可能是我年纪大了，一旦过了35岁，我总是觉得说话做事都得小心些，也不想答应别人的事办不到，所以都很小心尽量不要答应别人的事。可是当我真的拒绝别人的时候又可能会引来争论的烦恼。我就想，那就干脆牺牲点自己的时间，减少摩擦比什么都强。"

他看起来十分纠结，继续说："过节的时候，同事们都去和家人度假，就留下我分担工作，可是我的孩子和家人还没有人陪，我太苦恼。"

杰克森和其他不拒绝或者说强烈拒绝的人还不一样，因为他沟通之初曾有过拒绝的态度，也表达过立场，但是随着可能产生的争论，或者随之而来的人际关系危机，就会让杰克森的态度逐渐妥协。其实这种妥协最深处还是来自于他对自己生活的尊重度不够。他拒绝不了同事的工作分担，却拒绝了家人的假期陪伴，让妻子和孩子没有丈夫和爸爸的陪伴。从真正的事实角度说明，杰克森并不是一个真正遵守自我约定并且尊重自我的人。而这种自我的不尊重反映到拒绝事件中，注定结局是妥协的，也是亏待自己的。

因为放弃了拒绝，必然会收获痛苦。这种痛苦像一颗原子弹，波及的范围不只是自己，还有家人。

兰兰刚刚下班，还没走出办公室，就接到主管领导电话："兰兰今晚没什么事吧？帮我接一趟孩子，送到××小区，我在和客户谈事抽不开身。"兰兰一听电话，当时立马应承下来："好好，没有问题。"可是电话放下之后，她不得不翻出婆婆电话，因为她答应了主管领导接他的孩子，可是自己的孩子就来不及接了，只能让婆婆去。心里一时不是滋味，又觉得也是间接因为工作，没有办法。婆婆听了不愿意："自己的孩子不接，给别人当保姆！让别人去，孩子接不来啊！"

兰兰没有争执，但是挂了电话后，她反思了一下婆婆的话，如果说她找其他理由拒绝主管领导，实在不行哪怕增加善意的谎言，也不一定非要放下自己的孩子去接别人的孩子。她内心一路自责一路到达了领导孩子的学校，然而看到孩子的一刹那，她联想到的是，自己的宝贝在张望着大门，等待着妈妈第一个接她回家的情景。显然，这是一种自我折磨，不能拒绝的根本是因为还是不够尊重自己，重视家人。

兰兰犯了一个常人都不觉得陌生的错误，就是自己身边的人可以辜负，但是别人的请求不好拒绝。因为身边的人会原谅自己，而其他人并不会这么大方。那么反证法推论，这种情况还值得自己一定做出这种选择吗？

前几年一部古装喜剧《武林外传》捧热了几位红火至今的明星。其中有一个桥段，郭芙蓉向吕秀才借了二两银子，却迟迟不还，她忘记了，可是秀才没有忘。但他却因为不好意思迟迟开不了口，违心地和郭芙蓉套关系，反复提及关键数字“二”，以此提醒郭芙蓉，希望能够还他这二两银子。不料屡屡都是弄巧成拙，自己遍体鳞伤，最后无奈说出真正的目的，却遭郭芙蓉埋怨和斥责，一件小事憋着不说，反而弄得这么复杂。结果对方不但没有领他借自己钱的情，反而觉得他小气、斤斤计较。

吕秀才显然背叛自己背叛得毫无底线，甚至已经到了懦弱的地步。自己的心声不敢表露，还要想着办法让对方接受又有面子又不生气，最终却还是未能如愿。

【智慧屋】

不要轻易表达拒绝

拒绝不要临时起意。一旦碰到对方坚持的意见就改变最初的立场，结果自己在交谈和探讨当中让对话的逻辑顺序越来越混乱，也难以具备说服力。所以给自己形成秩序的要求：拒绝的态度不要轻易表达，如果一旦出口拒绝就要坚持立场。形成好的习惯和风格，也会有助于增强你平时表达拒绝的力度。

最亲近的永远第一位

尊重自我的表达核心就是，最亲近的人永远放在第一位。当家人在你心中的分量不足够平衡你的虚荣心时，不足够博得你慎重的尊重时，就会让你在本应该拒绝的决定中犹豫不决。然而最不应该亏待的就是和自己最亲近的人。

理性拒绝才能真正尊重自我

在内心中建立起真正的自信，才能够分辨出对方诉求的类型，做出必要的拒绝。每一次出口的拒绝，都是对自己本心的尊重。

淡化拒绝后带来的对人际关系的担忧，以平常心态去面对日常生活中必须存在的拒绝，摆脱掉因恐惧而失去平静的心态，别让不好意思害了自己和最亲近的家人。只要拒绝出口就要坚持态度，这能为未来自己的做事风格体现果断和信服力。

可以付出时间，但拒绝付出生活时间

适当地付出时间和精力是行走在社会浪潮中的必要条件，但是当这种节奏接近失衡，你需要为一件生活之外的事情而不断放弃你自己的私人规划，甚至是陪伴家人的时间和聚会，请你慎重考量，是工作一定要这样，还是自己的处理方式有问题？

尽管你十分不情愿，可是占用你生活时间的事情依然不在少数。主管来电话，上午的 PPT 需要修改一下；客户发来微信，一小时后到达你所在城市的某个车站；或者已经八九点钟，同事热情地电话邀约，出来喝几杯……

直接拒绝吗？除非不想在圈里混了，否则面子上也过不去啊，低头不见抬头见。接受吧，身体和精神双重折磨，你无奈感叹这 8 小时的工作时间有点太长！

张经理就职办公室主任以来，颇受老板赏识。可随之而来的副作用也不少，即便是晚上九点以后，只要是有工作安排，老板一个电话张经理要立马投入，家人和他自己都感到很疲惫，休息时间陪媳妇逛个街都不能安心，生怕一个电话过来，电脑不在旁边。把这个苦恼和 HR 朋友沟通之后，他有了备用方案。

已经是晚上十点零五分，老板打电话过来，让张经理准备好和自己一起去接机，客户晚上到。张经理说："李总，不好意思，我这边答应制作销售部的礼品采购计划报表还没完事，他们明天早上会议着急要参考数据。要不我和他们联系这个报表滞后，和您去接客户？"

老板一听，连说："你忙手上的事儿，明天别耽误会议用，其他的事我让助理安排。"于是，老板体谅地挂了电话。

其实张经理手上确实在忙销售部的文件，但多数人面对老板的电话通常选择"排除万难一人扛"，结果交不了差的时候老板是不能代你扛的。张经理这种委婉的拒绝丝毫不会令老板不快，反而是老板通过这样一番对话了解到：工作被张经理带到了8小时外。没有一个老板不喜欢勤奋的、凡事想在自己前头的员工。

公司每到月底，发票张数就会限量开出，搞得像奢侈品限购一样紧俏。销售A组组长找到财务经理，问小额发票能不能开出一张，客户急着要。财务经理在晨会上刚刚沟通完发票使用量月底要节约的事项，下午A组就提出这样的请求，一旦开了这个口，B组、C组呢？可是拒绝又不好，毕竟财务和销售工作又密切相关；如果不拒绝的话月底发票又这么紧张，一旦断流，挨批的不可能是销售部。于是财务经理这样告诉A组销售组长：要不是税务限额咱们也不用这么为难，你看和客户商量商量累积开可不可以？

表面上看，财务经理给出了一个与当前请求并不匹配的答案，委婉地拒绝了，同时又提出了备选方案，这让A组销售组长也说不出什么，最多拉扯在同事之间的小话上，而没有上升到部门工作之间的摩擦性质。相比起接受和干脆拒绝来说，应该是最佳方案了。

如果你这个人总是一味地拒绝别人，就算方法技术再高超也难免被“总结定性”。相反，应该将拒绝和主动帮忙以四比一的比例穿插安排，对于人际交往才更为科学。人的智商和情商虽然有差别，但在同一个平台的人甚至是同级别的人，不至于有天壤之别，永远不要自以为聪明，这种想法产生的时候，你就已经将自己局限在一个耍小聪明者的范围里了，而聪明和智慧是绝对有区分的。既能照顾到别人的感受，还能不违背自己的原则，这就是人际交往中最好的智慧。每个人都希望和一个相处起来舒服的人沟通，收敛自己的锋芒，有自己的底线，多去帮助别人，但不要做一块可以随意搬走的万能砖，这个“度”的拿捏就是智慧的凝聚。

【智慧屋】

善用备选方案来拒绝

干脆地拒绝未免太过生硬，理由再充分也难免令对方在情绪上难以接受。不如主观上流露不得不拒绝的无奈，然后客观上提出备选方案给对方，即使这个备选方案被选择的概率很小，你的目的是用这样一个举动来缓冲拒绝的“冲击力”。

偶尔拖延的委婉拒绝

虽然上文实例中并未提到，但对于占用工作之外的时间的其他交办，不必效率过高地完成，偶尔拖延以证明事情的不易完成和自身精力并不足够，久而久之，这种现象会得到一定的改善。

而且这个拖延拒绝法也适合在交友方面，如果有些拒绝很难说出口，那么善意地选择适当拖延的方法，一般人都能有所察觉，通常就会知难而退。

职场沉默拒绝法

在职场谈判中，有一招无声胜有声的技巧，那就是“沉默着考虑”，谁能沉默到最后，胜算最大。“关于这个条件我们需要考虑一下，如果有结果我会尽快联系你们。”当这样一种回复抛出的时候，通常等不了的那一方会最先妥协或者积极应对，这势必让妥协一方气势和谈判条件都一降再降，这种常人眼中的“消极抵抗”在职场上却有着不一样的权威和效果！

呈现 AB 方案的拒绝法

如果那样，那就这样。这种语法的抉择通常都注定了不是完美方案，其中掺杂着一点牵强。如果一定要这样办，那就退而求其次，将这两种方案呈现到对方眼前，让对方来做出选择，至于完成的结果，提前打个预防针：难以两全。这也可以让你少掉一些后顾之忧。

关于在工作时间之外的交办，不如说成是在私人时间范围内的请求更为准确。但凡占用你私人时间造成你心里有负面感受的请求、事情、人，都是必须割舍的、拒绝的。用这个细腻的内心感受标准来称量，就极容易分辨，在哪些事情上应该当机立断有决定。你的核心不在于是否应该拒绝，而在于如何能够更好地拒绝。

但是拒绝得再漂亮，也记得要适时主动送温暖，只有这样，无论在职场还是在生活中，才能有可能维护好人际关系。毕竟有来有往才是沟通的核心，人们都愿意和“有血有肉的性情中人”交朋友，而不是冷冰冰的、极具理性的、一再强调原则性的人。予人玫瑰，手留余香，香也是会沁人心脾的。

生意也要两厢情愿——一半是海水，一半是火焰

对于谈判代表来讲，将生意条款硬性软说才是一种技术。将生意做成两厢情愿，两相成全，才是终极完美。

提起生意，大多数人都会感觉冷飕飕的，好像是电视剧里演的，A、B谈判方在会议桌两边一坐，各执一词各说方案，你们这条我们无法满足，我们的成本也无法再降……空气中刮过的冷风似乎比空调好用多了。如果想到这样的画面，你应该是谈判专家类的电视剧看多了。真正的生意场上，未必见得到这种针锋相对的场面，一旦走到这一步，也是公司能力的欠缺，是需要HR向老板提出建议的时候了。

生意场上多见外圆内方，以柔相对，以刚为底。

J是做进出口贸易生意的，她的原则是，即便是亲朋好友拿货，为了长远的管控，价格体系都是不能变的。但是这样的原则一旦执行，遇到亲人真的不要打折吗？遇到闺中好友真的要原价销售吗？J说，是的。但是有一个解决办法，就是这样亲近的生意单子，她都会附赠礼物，在礼物上把折扣抵了，同时价格体系也维护住了。客户之间怎样沟通都无所谓，因为不存在高价低价的情况。这样一来，亲朋好友也都理解和感觉到了自己的“特殊化”，反而劝J不要送礼物了，大家都理解。

而说起J和她身边的亲朋好友，相互的拒绝都是合理的。J找了另

一种平衡方法，让这种拒绝显得理所当然又容易接受。

有一家公司是做大健康产业的，牵头成立了一个地方联盟。主要是搭建一个平台，将个体力量联合在一起。联盟成员由会长、秘书长推荐，但要由众会员统一决议通过才行。毕竟联盟内部有很多资源信息需要共享，不合拍的单位之间难免存在摩擦，影响合作。其中A单位主动申请加入联盟内，但不巧的是与A单位曾有过不愉快的B单位已是联盟成员，这在统一决议时出现了分歧，A、B单位纷纷表示不能在一个联盟内共存。最终经过公共商讨和私下协调，联盟维护了原有成员B单位的立场，没有通过A单位，这于情于理都是可以理解的。而和A单位的沟通上，秘书长这样表示：A单位资格和行业品质都是没得说，但是因为这点小私事，暂时没法通过。凡事得有个先来后到，但是联盟高管对A单位的认可和期待有目共睹，成员单位虽然通不过，但是直接合作是完全可以立刻生效的！A单位老板最终表示理解，对于联盟的决定，于道理上却说不出什么不是，因为生意场上总有不可避免的事情发生。

【智慧屋】

生意和生活一样，两厢情愿堪称缘分

强扭的瓜不甜，这句话不只适合在感情上，在生意场上也一样。就是有一些很牛的大老板不只要赚钱，而且想要舒服地、快乐地、合拍地把钱赚了，他们寻求生意伙伴，而不只是生意。但世界上的人千差万别，每个人的思维方式和性情都大不相同，意气相投只是概率，堪称缘分，要先有这样的心态再去谈生意。

让人舒服的拒绝就是合理的拒绝

有很多人拿捏不好什么是“合理的拒绝”，到底在哪条线上才叫“合理”，其实条条大路通罗马，但条条大路的相同之处在于“舒服就是合理”。在生意场上拒绝对方时，如果能用情感交流就可以弥补这部分空白，那么这就是最合理的拒绝方式；如果需要有替补方案来弥补这部分缺憾，那么替补方案就是最合理的拒绝方式。能补心里这个“缺儿”的，就是最好最合理的。

永恒俘心定律：拒绝事，更认可人

“虽然您提出的要求我非常理解，但我们确实是力不从心难以达到！但这项合作不成没有关系，对于您个人的认可，让我们大大期待以后能有合作的机会！”类似这样的拒绝话语抛出，但凡能代表项目谈判的人，情商智商都不会太低，对方势必会失落着或者有可能稍稍不爽地接受。注意这里的关键词是“接受”，因为面对拒绝这件事情，想要对方百分百地愉悦接受未免太理想化，但是能够迂回地让对方接受就已经达标。可是如果在拒绝对方的同时又能认可对方一部分，找到令不爽得以平衡的砝码，想必没有人会拒绝这样的温暖。

拒绝的话要一半严肃一半微笑地说

拒绝本身就是一个灰色词汇，掌握它的温度需要技巧。要严肃地强调拒绝的态度和不可再议的尺度。但如果全程严肃，未免让氛围稍显尴尬，不给对方留足台阶。越是拒绝对方的时候，越要将自己的姿态适度放低，以表示尊重，这是职场、交际之间的大智慧！

同时更要掺以微笑，必要时添句有温度的玩笑效果会更好，在愉快中开始，也可以在愉快中结束。合起文件夹，大家还是职场中人，要具备良好的职业素养。

生意场上，允许合理的拒绝存在，职场人，也应该具备良好的智慧接受拒绝。台阶要铺给对方，也要铺给自己，这是一场修养和智慧的并行。谈判桌上的“硬碰硬”展现的从来不是强势和强大，而是缺乏智慧的怒气和冲动。无数大老板曾表示，生意场上谈判更像是一场晨露中的太极，柔中的力量不可估计，让别人感觉到舒服的力量才有威严，才更持久！

把自己当成合伙人，而非跟班

真正读懂人心读懂自己的人，内心都有一份不骄傲的自信，工作、谈判、交友从来都是两厢情愿，两相平等，没有谁依附谁，更谈不上仰望和带领。生意场上，是一场志同道合的并肩作战，而不是一场较量和抗衡，合力总比对立让双方收获更多！

在职场生意的交涉中，我们经常会以公司赋予的个人职位和对方公司的大老板打交道，有不少人心生畏怯，或者为了商业效果故意压低自己的身份以维护对方的尊严，以为这样就能获得生意伙伴的青睐和认可。但是无数成功的合作案例表明，成功的拍档、生意，都是建立在对等的尊重和沟通之上的。

有一个例子，有多少小型企业不够了解“助理”这个职位应具备的职责和能力，也少有人真正理解到这个岗位应该发挥的真正作用，而把一个“助理”做成了“秘书”。

张总换过四任助理了，用他的话说，大家都把自己定位成“秘书”，这样他仅仅是多了一个助手，而不是一个共同奋战的战友。第五任助理到岗时，和第四任助理做交接，结果交接的工作内容让她大跌眼镜：张总的油卡余额不多了、衬衫拿去干洗还未取回、周末有家长会提醒他不要忘记参加、定购的手机快递还没有到记得跟踪……若干项未完成的工作中没有一项是之前和客户的重要沟通或合作事项。她问前任助理："平时的工作内容就是这些吗？"前任助理回答道："对，照顾好张总的随身琐事和出行就好，其他的有销售部长一起安排……"

基本工作交接过后的三天内，她把遗留"工作"全部收尾，主动敲开张总办公室的门，一一汇报这几项工作的收尾，然后和张总说："领导，这些琐事可能会花费我精力和时间的三分之一，剩余的我希望能为你分担真正的工作事项。比如我了解到张家口客户一直想要解决的物品破损问题，能否让我先去和仓储部协调，结果再报给您？"

不出意料，张总十分欣赏这种工作风格，主动而且代入感很强。新任助理到岗一个半月，已经表现极为突出，在公司聚会上，张总开玩笑说："就怕你把自己的身份和职责定得太低太浅，又当成了秘书！"

其实在职场上，和同事之间的沟通、领导之间的合作、客户之间的洽谈都是一场伙伴关系的敲定，而不是一味地卑躬屈膝。一旦这样的姿态成为常态，不但不能为你赢来更多的认可，反而会导致存在分量的逐渐减级，无穷的负面效应就会扑面而来。新任助理率先给自己定位，直接拒绝了领导给予更多琐事的安排，而将主要精力放在有价值的工作上，这是一种极为明智的先发拒绝。

公司库房最近扩增面积，设备都添加好后等待官方认证。认证组到来之前副总召集大家开会，安排准备好相关细节，比如烟、水、路线、车辆和陪同。一切任务布置完成后，副总又刻意强调，不要过于紧张而太像个小跟班，尤其是陪同参观讲解的人员，和服务人员不一样，要重点将精力和态度放在专业说明上。果然，当认证组到来之后，流程环环相扣安排得很细致，有专程照顾服务的人，而近距离讲解说明的工作也有条不紊。至于副总陪同检查认证时，也会偶尔开个玩笑缓解紧张氛围，一点儿看不出是个等待检查的“学生”。这反倒让公司内部的人心里有底，表现得都不慌不忙。

认证老师喝了口水，边写现场报告边说：“你们公司各项工作布置得很有条理，没有像其他企业，我们一去就像热锅上的蚂蚁，那谁还看不出来，肯定是有漏洞啊！”

如果公司对认证组格外小心翼翼，现场节奏把控不好，公司整个陪同组都像个待训的小学生，做了认证组的跟班，不见得结局会比现在好。如同认证老师说的：越是低顺的态度，越是想掩盖不足和不自信。运用到职场道理相同，人们只会对自己格外喜欢的人倍加温柔；反之，只是想利用自己的态度博得对方的舒适从而被认可，但这恰恰从另一个角度展现了你所代表的公司或者产品的不自信！

公司接待远道而来的合作客户，营销总监带着小李陪同。小李来公司一年左右，是个精明能干的潜力股，但用营销总监的话来说，就是欠缺点大格局，有时有点畏首畏脚。吃过晚饭后，公司提出一起去看表演，但客户听说电影《后来》的票房很高，不如去看看，于是营销总监安排小李订票。算上小李总共五人，却订了四张票，小李一路开车，到电影院把票取好，然后交到总监手上。总监诧异地问：“怎么少了一张？”小李一时紧张：“你们四个人票，正好不少啊！”

“那你的呢？”总监问。

“我在楼下车里等你们，看完给我打电话就行。”小李很勤快地说。总监稍有无奈地摇头：“我不是让你来当司机来做跟班，我还希望未来你能替我接待客人，没等别人说什么，你自己却老从这个水平线上滑下去！”小李聪明，连连点头承认错误，立刻补了张票，选了个客户身边的位置，而不是继续坐在总监身边。

诚然，不是所有小李都有这样的好运气，能遇到不压才的好领导，但是你自己确实应该把握机会，不要在客户面前老是做跟班，客户更喜欢和平等的人打交道。

【智慧屋】

率先自我定位，拒绝对方来贴标签

在工作和交友的过程中，可以主动将自己最理想的定位在沟通中自然地表达出去，比如：×××由我来负责，你可以和我沟通。或者像上文中的助理一样：这些事情预计占我精力的三分之一，那么剩余的我想集中在××方面。这样明确的自我定位，第一，让对方了解你的身份和职责；第二，可以让对方对你有初步的清晰认识和职业好感；第三，在姿态上直接告别了俯首帖耳的跟班，而是有思想的伙伴；最后，还能免去对方对你能力和职责的猜测，避免给你贴上不符合的标签，以免发生不必要的尴尬。

不做跟班就要具备预先布局的能力

所谓不想怎样，一定是你需要其他方面的某些能力，有资格不去这样。否则，“不想”只能是停留在想想的阶段，和实际去做完全两码事。不做跟班就要提前将过程中的一切必需环节预先安排好，客户需要的一切细节预先准备和布置好。这样就能免去临时抱佛脚，以至于你因情急找不到合适的人手而只能自己亲力亲为，不成跟班也回避不了随之而来的尴尬和忙乱。

找到适合自己的磁场元素，适当放大它，驱赶跟班的错觉

每个人身上都有特定的磁场元素，比如亲切、大气，抓住自己最为擅长和具有代表性的元素，放大它，比如一个有气场又很亲切的微笑，就可以很有分量地使你彻底告别跟班的错觉。

人们喜欢和三观相投、优秀、亲切的人往来，更乐于享受在交际的过程中，对方带给自己的新鲜感和唤醒感，你必须在某一方面具备“引领感”，才能得到对方的足够重视，而这恰恰是与跟班身份的最大反差。

以退为进，拒绝得要有诚意

咄咄逼人的态势，在合作中很少能真正起到正向作用，反而在后续合作中给另一方造成强迫感，让对方下意识地寻找更合适的替代！相反诚意的示弱则可能收到意想不到的效果。

是不是你以为价格压得越低，客户对你就越忠诚呢？是不是你也想利用福利战来博得客户的青睐？也曾经动用公司资源无限度成全客户的活动，搞得最后自己产品的利润薄如纸片，难再拿出一点流动资金来支撑客户的活动。结果其他同行争勇相投，客户很有可能对别人“投怀送抱”，最后不到赔了夫人又折兵的地步也十分接近了，其实这样的案例不胜枚举。

“老板，合作方说了，我们的成本和他们预算差太多，要再降 5 分。”负责采购的小李向董事长汇报。

董事长说：“行，我知道了，我考虑一下。”采购离开后，老板拿起手机打给合作方的老总：“张总，我这边负责采购的小李刚才汇报说，你们要求再降 5 分。不知道是不是你直接安排采购和小李沟通的，老张啊，再降我没有空间了，以后各种促销政策跟不上，你还得找我，这么做，市场就得死了。咱两方都别看眼前的这点，还是得长久，您那头再核算核算，琢磨一下？”老板电话中的一句“老张”，一下子把关系拉近了一步，但是却明确拒绝了对方想要再降价的想法。不过话语却没有过于生硬，也并没有要求电话中对方立刻同意，而是用“你们再核算一下，再琢磨一下”这样留有余地和柔软的字眼，让对方没有紧迫感，从心理上就减少了被拒绝后的反感。

挂掉电话后，老板重新叫来小李，交代：“关注对方公司最后的回复，下调价格控制在 2 分以内可以直接做主，超过这个范围也直接回复还会有机会合作。另外，如果这次议价成功，和行政主任沟通安排一次宴请，就以参观制作工艺的主题来安排吧。”

收到命令后，小李一直在关注对方公司的动向，也没有主动再打电话，第二天对方采购打来电话，说同意维持原价格，但技术培训的质量要保证。就着这个话题，小李提出邀请对方参观公司生产工艺，以及进行现场技术推广。一周之后，双方坐在酒桌上，闻不出商战的味道，反而是一片和谐。

如果老板同意价格一降再降，最后连宴请经费都要精打细算，博得对方一时高兴，却在长远合作上有失策略。细水要长流，商场上更是这个道理，没有人会因为一次妥协的受益记住你一辈子。

这看似是一种补偿法，但却在谈判中有所效用，既让对方看到了诚意，又从公司的角度完成了拒绝的开口。

在药品行业大打价格战的非常时期，A 总坚持不降价，反而适当调高，这让各地方省总坐不住了，纷纷反应：面对其他公司的降价，我们不动，已经需要和客户解释了，如今更是要涨价，实在是没法交代。

运营总监回复表示：那些降价的公司，试图拿出自己已经很薄的利润再去给客户，只能一时揽到客源，却得不到客户的心。因为后期的维护经费根本没有能力跟上，做不了活动支持，提供不了技术支撑，注定是一笔短期交易，我们要拒绝这样的跟风，跳出这种恶性循环的怪圈。和客户也要这样解释，为了后续能够更有品质的合作，双方能在共赢中健康地成长，我们没法成全你一时的眼前利益，但是论长远，您不会失望。后来，公司果然就出了一份调价函，并把运营总监最后的总结印在了上面，发给客户。

总监强调后续保障，让客户寄希望于长久的品质，而不是眼前的小利，这也给客户出了一道必选题，使公司面临严峻的“血液”整顿，是魄力也是冒险。但具备大格局的人明白，结果即使是最糟糕的，也只是提前来了而已，和这次决定并没有本质的关系，无论什么样的结局，方向上都是对的。

【智慧屋】

合作中的拒绝要强调后续更好的成全

拒绝眼前的，而强调长远的成全，会给被拒绝的一方一个心理台阶和安慰。一次的拒绝意味着更好的后续合作开展，并将重点放在后续开展究竟能够给对方带来什么样的利益上，以转移对方当前对拒绝的失望感，吸引对方将眼光和希望寄予后续的合作，而非眼前的一点一滴。如果条件允许，可以将后续合作较细致和系统地做成媒体文件以供了解，更有效地切入阶段性重点，以助力眼前的拒绝成功完成。

官方无奈的拒绝带来个人的甘愿成全

一个合格的职业经理人，会将个人荣辱得失和平台与共。也就是不忘时时刻刻维护公司的利益和形象，从公司的角度实在是没有办法达成合作公司所愿，但是于个人来讲，对于合作公司欣赏和青睐，可以献一己之力，为的是能够长久和这样优秀的公司续缘。以这样的态度来弥补公司在大方向上的拒绝，不论是否能够真的再度合作，都不至于让对方的面子丢得彻底，可以说很好地给了谈判方一个高帽缓冲。

合作的基础是健康的共赢

合作、交友和感情一样，靠的也是缘分，只有双方成全，才能共赢；只有一方一味退让，有一方委屈着，或者力不从心，未必是健康的平衡关系。

合作是成全利益双方的同时，成全名誉和荣誉的双赢。这是商场合作势必和谐的不变王道！拒绝的底线不可以破，你要完全有能力为它带来的“蝴蝶效应”买单才行。而相同的，拒绝对方的同时也要着重塑造前瞻性和大局观，不必去苦苦压榨你的合作方，因为只有这样他才能为你提供更好的保障和服务。合作的双方，需要为对方保留后续合作续暖的能力！

常态拒绝会让偶尔的接受更有分量

有一些商品是某一天某一时刻上新，平常是有钱也买不到的，这种常态脱销，偶尔上新的商品却被人们更加看重，甚至不惜排队也不想错过商品的更新。这就是人们所说的“饥饿营销”。

每个人身边都会有一个小圈子，但是在工作职场上，大家其实是在一个浩瀚无边的大圈子里。人们都希望在这个大圈子中熠熠生辉，在职场情感和交际中博得一席之地。所以，很多人尤其看重职场酒宴，几乎场场必到，或者主动组局，但其实不难发现，真正重要的那个人，是在偶尔缺席的氛围中突显出来的。

老冯在工作的应酬圈有一个绰号，叫“冯一杯”，就是任谁张罗酒局，他都会到场喝上一杯。这天公司远道而来一个小客户，不招待显得公司没有人情味，要招待呢，其实客户远远没有达到这个级别，这种尴尬的情况让公司有些为难。销售部长考虑过后说：“这样吧，叫冯一杯去接站，然后安排一下，反正他没事也愿意喝一杯。”销售内勤说：“可是刚才看到他下班走了，打电话叫回来吗？”销售部长一笑：“就算他到家了，一个电话都能叫出来，去打吧！”内勤于是打电话给老冯，说明公司需要招待客户，领导钦点他全程陪伴。果然老冯二话没说，乐颠颠地问批准的经费是多少……在老冯心里，他认为这也是一种存在感，而且是他长期拼搏在酒宴上的功劳。

然而，从销售部长这一个任务的布置就能够看得出来，冯一杯接的这个“绣球”，确实是无人想抢，于是不得不安排了这样一个人。如果说今天来的是重量级的客户，怕是无论如何也轮不到老冯接待。

其实工作和生活同理，越是容易越缺少了点“分量”，人们喜欢在拉锯中找到存在感。就像无数酒宴中，劝酒的文化，不劝显得人没有存在感，劝过了觉得对人不够尊重，所以拿捏这个度成了关键。

适当的拒绝也说明了你有选择性的交际原则。你会发现，越是难请的那个人，人们越是想请，请不动属于正常，一旦请动了，连发出邀请的人都会感觉有面子，这是什么逻辑？典型的“饥饿营销”！

艺人陈小春，几乎很少上什么真人秀节目，并且他在采访中也表示不会去，也不屑于出现在这种节目里。可是《爸爸去哪儿》栏目组居然请得动他，他还带着儿子来参加节目了！这几乎成了第五季节目的整个核心看点，而且每一期只要“小小春”出现的镜头少了几个，网友们都会争议不断。节目的最后一期，看着回放的孩子们的照片和片段，陈小春潸然泪下，他说他十分感谢节目组让他有和儿子这么亲近陪伴的时光，这是一生珍贵的记忆。

而对于节目组来说，第一请得动，第二安排得了，第三收得了心，成就了《爸爸去哪儿》的收视率。而又到底是什么能够让陈小春身上具备这么多的看点？有他年轻时塑造角色的魅力，还有就是他几乎是拒绝上真人秀节目的态度。被拒绝不觉得新鲜，一旦答应赴约才觉得不可思议。常态的拒绝成全了偶尔赴约的分量！

【智慧屋】

职场宴请，不沾边的直接说 NO

陪伴宴请是一个劳心劳神的活儿，有不少公司职员身陷其中，不敢说NO。而其实正是在这样一次又一次的妥协中，你去成了自然，不去成了不配合不支持。把握职场原则，与你工作相关的，可以选择性地去；与你工作无关的，只是为了充人气、填补氛围，类似这样的宴请，请你直接拒绝吧，因为少了你一个，没有任何人会察觉，你越是参加这种聚会，存在感就越低。

与你相关的宴请选择性地参加

宴请与你有50%以上的相关度，那么可以考虑参加，如果低于这个指数，且可以委托其他在场人士陪伴的宴请，可以有选择性地委婉回绝。比如家中有事，比如事先另约好，比如那边的关系不如今天的亲近，可要外人先应酬，哪天再回请。这类的拒绝理由都是得体而无伤大雅的。

需要你坐镇的宴请弹性参加

如果你已经被列为核心人物，需要坐镇这次宴请，那么原则上可以参加，但久而久之，难免也会影响存在感，影响出场的分量。不如尝试中途参加，或者中途离席，当然这种方式只能偶尔选择，你的作用和意义已发挥完毕，只剩陪伴氛围的环节交给其他人，可以选择一杯敬酒，然后适时离席。这是职场上百用不厌的应酬技巧。

缺乏自信，拒绝时都不会果断

你不敢拒绝的原因，追溯起来无非是怕失去朋友，失去和谐的同事关系，失去工作的晋升机会，而这些都是表象，真正让你内心担忧的是不够自信。如果你有能力凭一己之力刷出足够的存在感，那么这些“不会拒绝”也就变得没有那么难。强大自己是解决不自信的根本问题，也是“拒绝”的核心轴。

每个人之所以在意对方的想法和意见，担心因为一次拒绝而伤及彼此的后续关系，甚至不惜牺牲自己的时间和利益去满足对方的要求，是因为内心的不自信，需要一种他人给予的存在感来证明自己的价值。

莫泊桑有一篇小说，主题大意是讲一个人不小心打了一个喷嚏，可是正好喷在了将军的脸上，士兵很是懊恼和后悔，但更多的是害怕，他担心将军因此大怒，惩罚他该怎么办？于是就想，还是主动和将军承认错误，道歉吧！于是他诚惶诚恐地向将军说明了情况，并且道歉。将军听过之后没有做过多回应，只是表示没关系。但士兵很苦恼，他想将军一定是真的生气了，于是更是惧怕和担心，他觉得将军的态度分明是在拒绝自己的道歉，于是又去跑到将军跟前，说明来意，诚意道歉，将军有些许不耐烦了，但他再次告诉士兵没有关系。可是从将军细微的态度来看，士兵断定他分明是真的生气了，在拒绝自己的道歉。士兵内心更加紧张，于是再次跑到将军面前想要去道歉，将军终于彻底发怒，下令将士兵狠狠地惩罚。

士兵对自己对将军都极度缺乏信心，面对将军的谅解生生误会成对自己道歉的拒绝。

在第二次世界大战期间，美国因为兵力不足，应对战争心有余而力不足，于是做了一个大胆的决定，美国政府特批收押在监狱的犯人全部去前线参与战斗。但他们毕竟是特殊人群，走进了监狱的人多数品质和人性有过扭曲和崩塌，这个时候要求他们像爱国主义青年一样英勇战斗，实在是一件很令人担忧的事。可是在紧缺战斗力的情况下，他们还是启动了这个方案，于是派出了心理专家对犯人进行战前的测试、训导和动员。心理专家希望这一群特殊人员在面对祖国生死存亡的关头，能够像真正的战士一样去战斗，为此心理专家特意随同犯人一起奔赴前线参与战斗！

他们进行的特殊训练就是责任感和自信心的恢复，对他们这些犯人害怕被拒绝被否定的心理进行疏导，但是具体的措施并不是说教，而是用特殊的方法鼓励犯人恢复自信心。他们每周都会给自己最亲爱、最想念的人写信，而信上的内容必须是写自己在监狱如何表现得优异良好，怎样接受新的教育，如何改新换貌。

犯人们在战场期间陆续接受这样的训导，他们又告诉最亲爱的人自己非常服从指挥，因为有爱国的情怀现在战斗特别英勇！如此一来，他们真正奔赴战场的时候，果然如同信中写的一样，勇敢而不凡，都是热烈的爱国主义战士！

而这种教导方法就是心理学上所说的“心理暗示”。那么一个极具缺乏自信的人，就可以在心中建立自我暗示，一个纠结多虑的人也可以建立自我暗示，让自己不过多在意别人的评价和对自己的印象。活成自己，因为你的内心足够强大。

是的，如果你有来自于心底的自信，你的拒绝将不再犹豫。而你的自信将不仅仅来自于物质基础，归根究底还是要来自于心态的调节。自信心的重点建设，是让人们不再畏惧拒绝的最本质原因。你之所以对拒绝却步，是因为担心失去，失去眼前人际关系的安逸，失去和要好伙伴的友谊，总之，由此引发的焦虑让你对内心最真实的声音有所顾及，那么，强大自己是解决一切问题的根源，建立自信将让你不再纠结拒绝。

【智慧屋】

贴标签心理暗示

给自己贴上一切缘分随天注定的标签，不强求，不讨好，内敛沉静的磁场自然会吸引同频共振的人。随心就是最有人生格局的自信。

在应该拒绝或接受的时候犹豫，都叫纠结

明明应该接受却犹犹豫豫；明明应该放下心事了，却还是徒增了烦恼；明明应该拒绝并过好自己的快意人生，却活在拒绝的后患中杞人忧天，这统归为纠结。结果就是不但当下的时光没有过好，余下的时光也更加糟糕！

自信的拒绝从来都是阳光明媚

你曾经以为拒绝都是晦暗的，说出花来对方也是不高兴。理论上确实是这样，无论你下了多少功夫都掩盖不了拒绝的事实。看淡拒绝带给彼此之间的尴尬。

越是拒绝了对方，越是要自信而明朗地给予适当的说明和安慰，你的态度让本来心理压力极大以及害怕被拒绝的人，绝对轻松了很多。

别在犹豫中陷入纠结，拒绝可以是件阳光明媚的事儿，自己更要自修人生的格局，万事随缘随心，一切都是最好的安排。也许拒绝会让你真的失去眼前这个人这段关系，但你的收获也将是巨大的，自信和善良是将会伴你一生且让你受福泽的品质，于内调心，于外淡形。反之，于双方来看，一切也都是最好的安排。

PART 4

不要害怕：
你能主宰自我，难道还不能主宰社交

大多数人选择的路都是有价值的，这种正向从众你不必挣脱，本身就是阳光大道。但还有一些俗不可耐的羊肠小道，总会出现在岔路口迷惑心志。众人皆醉你独醒，但被人看出来你独醒并不算什么本事，而是看似跟着大家一起酩酊大醉却自觉独醒才是真智慧。

80℃拒绝人云亦云

“墙头草”其实也是一种社交智慧，但是关键在于把握好这个度。人家说 1+1=2，他赞扬说算得真对；人家又说 1+1=3，他说也有这种可能。所以有人选择两耳不闻窗外事，一心只做分内工，可这样的结果就是公司班组聚会不是忘记了他，就是故意不叫他。大伙说：算了吧，和他在一起不轻松，没趣。再说了，人家也未必愿意和咱们在一块混……久而久之，疏远成了惯性的自然，这样的人越来越没有存在感，若不是这个岗位所设，拿掉这个人名也是无人察觉的。公众交往的精妙往往不是通篇贯彻，而是自然流露出想要表达的对某件事的某个观点，在必要的人云亦云中交换意见。所以，给生活留点俗，允许你参与到 80%的人云亦云中去，20%拒绝足矣。

小云最近参加了个马拉松团会，周末“迷你马”跑得不亦乐乎，成员们在一起相处也是有说有笑，大家也建立了群组织，但渐渐地，周末的“迷你马”“半程马”进行得越来越费劲，不过聚会这件事儿倒是风雨不误。这个现象造成一部分现有人员流失，但又补充了一部分新生力量，于是流失的这部分人，自发地又组织起了“迷你马”的阵容。就这样，几乎是层层筛选，历经从众和独醒的过程最终留下了 27 个人。

在平凡的生活中，这 27 个人的“迷你马”已经跑了 4 年。他们除了共同爱好马拉松，还多少具有辨别意识，关键时候独醒的自制力，这让大家成为真正的好友，而那些最初参与周末聚会的人却越来越少。

关于电子科技界的大咖企业，不胜枚举，但说起业界奇咖，锤子公司的罗永浩、海尔集团的张瑞敏首居一席，因为他们两个——都砸过冰箱！

但罗永浩是因为维权不畅怒砸西门子冰箱，而张瑞敏砸的是本公司海尔的冰箱，不过他们的主张都是：不能以次充优！罗永浩主张：当德国货出现问题时，中国人绝不能姑息！不能放纵错误，这在当时引起了强烈的震动。而海尔的张瑞敏更是拒绝“老王卖瓜式”的销售，他带朋友来海尔选买冰箱，不过朋友怎么选都是各种残次品，最后无奈拉走了一台“还算不错的”。在朋友走后，这让张瑞敏坐立不安，他觉得这样的冰箱品质面对熟悉的朋友都让人难堪，更别提国人，或者说走向世界了！当时的冰箱约 800 元一台（20 世纪 80 年代），但是他说有缺陷的产品就是废品！结果一声令下，把剩下库存的 76 台冰箱全部砸掉，在当时的业界引起轰动！

我们且不说这是否是另一种营销手段，但至少他们在 80%从众的基础上，保留了 20%的个性化道路。而因为这 20%让他们那普通的、平凡无奇的 80%也蒙上了格外有分量的外衣。我们今天看到海尔不仅成了家喻户晓的品牌，更有了堪当走向世界的品质！而罗永浩的锤子公司也拥有了大批粉丝，20%拒绝人云亦云，也许你会从中开辟出另一条捷径。

【智慧屋】

允许自己的80%参与到大潮流中

不要觉得自己天赋异禀或者因为跟不上普罗大众的大潮而特立独行，要允许自己是个普通人，是个俗人，通常绝大多数人的选择都还是值得的，方向正确的。听一听偶尔中性的观点足矣让你在大众中站稳位置，不必刻意强调自己不屑于这种潮流。

保留20%思想言论的独树一帜

走在人群中，还能保留自己20%独树一帜的思路很重要。而这20%有一两拨千金的力量。你提出一项大家都未曾想到或者发表的观点、方式方法，拥有了人际团结的基础，就很容易将这20%“发酵”！

100%保留清醒的净土

能够有条不紊、风度翩翩地走在社会大潮中的人，都是有智慧的人。这种“人云亦云”的平衡保留，个中滋味，自有体会。但终归一点，它能决定你在人际关系中的柔韧度，多一分少一分都不会是最适合的点。

适当聚会是社交礼仪，频繁聚会也许会“满身稀泥”

人毕竟是群居动物，每个人都喜欢交友，只是择友的标准不同。适当聚会是每个人生活中的调味剂，但是当聚会和生活的比例发生失衡时，危险的警报就已经拉起了。在这种不健康的关系中，不是你疲惫就是你的家人疲惫。

几乎绝大多数人都认为，一个人参加的聚会越多，人缘就越好，每一场聚会里都藏着友情，每一杯酒里都藏着承诺，或者是每一个酒桌上都藏着商机。总之，在这个圈里忙不忙，成了你是否成功的一个参数。

李祥和张佳是一个办公室的同事，一个负责采购一个负责物流，这是两个相对都很极端的人。具体表现在公司同事的聚会上，李祥负责采购，平时对接的厂家不少，合作对象更是频频来公司拜访，需要采购部门接待协调，但几乎是要总经理亲自下令，李祥才不得不参加这种商务宴请，为此总经理也试图找他谈过，但李祥确实是不喜欢参加这些活动。公司同事之间小范围的聚会，几乎能不叫李祥就不叫了，因为之前叫过他几次，多数是不成功的，即使个别时候去参加，也全程不沾酒，和大家出来放松的目的相违背。同事们想开心，也想来参加的人都是放松随意的状态，可李祥让大家感觉累，叫他聚会不如放了他。这种认知和共鸣慢慢在同事圈里蔓延开来，几乎人人都知道，慢慢地，同事间的私下聚会不再叫李祥，大家认为这是两相成全。

而张佳是公司仓储部的物流负责人，虽是女人但是有男人的豪情，愿意凑酒局，逢酒必到，只要你觉得闷觉得今天人手不够，缺了点氛围，给张佳打个电话，半个小时之内准到。可是，因为张佳太喜欢凑酒局，几乎逢场必到，以至于如果个别同事私下有什么主题要研究商量，只要是让张佳知道没有叫自己，第二天全公司的人都知道了昨天晚上某某个小圈子聚会了，而她也感觉到他们并不拿自己当朋友，敏感多疑的一面又和她豪情的一面大相径庭！大家私下讨论，她这样逢场必到，家人就没点意见吗？而事实上，见过张佳爱人的同事都知道，她爱人是个出纳，在家对张佳百依百顺，可能是有想法但也不敢说。自己的儿子才上幼儿园，接孩子更多的却是婆婆。张佳聚会回去可能要晚上十点钟左右，孩子早就睡了，她借着酒兴去亲儿子，弄得孩子哇哇乱叫！婆婆看不过去了，家庭矛盾一点点滋生……

每个人都想在自己的圈里拥有存在感是人之常情，可如果深陷聚会带来的“假象存在感”之中，难免活得发飘，你以为你很忙，你的亲人也以为你很忙，而和你同桌聚会的别人知道原来你这么闲！这不单会影响你在同事、客户、朋友心目中的存在感，更是给你的家庭生活带来了严重的紊乱！而这种“紊乱”有秩序上的，也有情感上的。不过话说回来，物极必反，我们应适当地参加聚会而不是叫停所有聚会，必要的关系维护是需要做的，无数案例已经证实，白天人们口中所说的：只对事不对人，一码是一码，但真正心无波澜继续做事的人，少之又少。所以必要的社交要有适当的聚会，但如果聚会过于频繁或者基本上不参加聚会，都密切影响着工作和生活的平衡。

适当的聚会是社交的基本礼仪，可是如果太过频繁就会让自己的生活失衡，也会让自己在这个圈子里真正的存在感和影响力下降。不仅如此，频繁聚会和过于看重社交活动，还会严重影响家庭生活，将原来关心和关注家人的时间全部用在对外的聚会上，那么家人缺失的那一部分，此时不说也会择时爆发，你势必将为自己这种失调的节奏全盘买单，而能够让家庭和工作彼此平衡且相安无事的方法就是：适度聚会，正常且重点关注自己和家人的生活！

【智慧屋】

组织参加必要的对外应酬

如果是工作原因，难免存在必要的接待和陪同，如果你是这场聚会的主导者，那么类似这种应酬就不要再推辞了。你不仅需要亲自参加，还要安排好各环节和流程，一朝圆满胜似许多，这种时候的聚会你要尽量提前安排好相关人员做好组织工作，务必用 10 分的努力达到 12 分的效果。

适当弹性参与工作应酬

如果今天的主场不是由你牵头组织，而是作为陪同，那么视主场人和陪同人的身份，如果不是特别关键，可以在出席一小时左右的时间，找合适的理由提前离场。如果预先知道有对外客人在，要提前和本公司主场同事打好招呼。这种方式不宜多用，控制在三分之一的比例恰好。

控制参加聚会的场次

一周七天为例，不宜超过 3 次。如果超过这个次数，那么这不是一场天南海北的调侃也是通往酒肉聚会的路！次数越多将越影响你聚会的质量，同时也会影响自己在圈内的分量和出镜率。就像曾经有导演对演员孙俪说：你要珍惜自己的出镜率！

保证参加聚会的质量

如果一定要参加这场聚会，记得要有质有态！风趣、幽默、侃侃而谈、落落大方……这些都是有助你获得好人缘的要素。一场聚会让你和同事、客户、朋友之间的关系提升一个刻度是完全可能的，也是一个成功聚会的重要标志！

聚会，是一场控量求质的活动。太少可能会令心灵缺氧，但是太多又有点膨胀的危险，受害者永远都是家人，而最大的受益者却未必是自己。家人才是那个不论你曾经给予过多少伤害，只要你需要，他就一直在的那个人。责任，从来都是一场行动，而不是一场演说。

亲密要“有间”——有人情味儿地回绝

相信很多人都有过类似的尴尬遭遇，就是朋友、同事或者亲属之间向你借钱。不借给他，担心他多想，推翻之前的情感往来，更担心影响以后彼此的关系；可是一旦借给他，自己想要装修房子的事情就要告一段落，孩子的钢琴也要等一等。而且一旦借出就不能催还，一旦催还，你借了一百万，就会收回与之加倍的埋怨和心凉；可不催还，也许就真的遥遥无期……

你可能面临两种情况，一种是自己确实没有钱，这个时候你内心除了盘算要怎样回复才能不伤害到对方外，也确实还有一丝自责：如果能帮到对方就太好了；还有另一种情况，银行里虽然躺着你的存款，可是因为对方的偿还能力、偿还时间或者交情并没有达到你内心的临界点，所以你在盘算着怎样在不影响彼此以后交往的前提下回复对方。

其实，无论哪种情况都是殊途同归：能帮则最好，如果由于种种原因不能，请记得要有人情味地回绝对方，不要伤及情分，更不要伤了心。

妹妹想要在上海买房，知道哥嫂最近几年做生意赚得不少，于是开了口。令她没有想到的是，哥哥回复：最近正在托人给孩子办入学的事，人情费花了不少，生意上现金流又差点断档，确实是没有钱了。她想到小时候，舅舅来家里看她，给自己买了好吃的，因为家庭条件不好，她看到这些花花绿绿的包装纸就很兴奋，但还是要留三分之一给哥哥，看他放学回来兴高采烈地吃，然后可以把自己举得高高的……长大后，她也认为哥哥是半兄半父，但是不知道怎么的，这个回复就是令她心里很疼，尽管哥哥说的理由也很充分，尽管也许不全是他的意思，可是妹妹就是一时提不起对任何事情的兴致了……她在电话里走了神儿，然后说“知道了。”就轻轻地挂了电话，因为她觉得哥哥知道她在上海拼搏了四年，终于可以离买房子近一步了，实在不应该是这个结局，哪怕借一万块也好啊！她后悔打了这个电话，不是因为对哥嫂的怨气，实在是觉得自己尝到了最不想知道的滋味，如果有可能，她选择这辈子不再尝。

其实上文中的例子，不少家庭中都有过。妹妹在这个被拒绝的过程中，被猝不及防地伤了心。其实哥哥完全可以和家人商量，适当地借一点给妹妹，即使达不到她的期望值，但也不至于对她冰到零点。对于这种浓厚的亲情关系，这样回复确实有点不对等。

朋友离婚后，单身很久了，因为意志消沉也辞去了工作，一时断了所有的经济来源。燕子在与她聊天的过程中就感觉得到她十分消极，听到每个月的房租、水电费、网费欠缴，知道朋友每个月被信用卡账单催缴，燕子十分为她着急。两人是君子之交，朋友并没有向她开口借钱。燕子的孩子刚刚生病住院，接下来的情况还未可知，所有事情赶在了一起。

可是思考过后，燕子还是从支付宝给朋友转了 2000 块钱，然后在微信上说：虽然少，但你先用着。朋友也没有过多说什么，两人之前在自尊敏感度上像是达成了什么默契，朋友没有开口借，但账单替她开了口；燕子没有拒绝，但是 2000 块钱替她做了额外的拒绝，一切都非刻意，确实是能力所限，能力所致。

这是一对很特别的朋友，彼此之间很少开口，却一切都落在行动中，患难之中的相濡以沫，另有一番味道。两个人都在用自己独特的方式拒绝着对方，也用只有对方读得懂的心思在交流着。在整个过程中，为对方保留着敏感的自尊心。君子之交淡如水，也莫过如此番情景了。

大刘离婚了，除了房子这座不动产，其他一无所有，这个时候老妈病倒，医院催他缴纳住院费。他无奈打通朋友们的电话，这些都是素日里一起侃大山打麻将的兄弟。

老杨说："一会儿给你打过去 10000 先交着，过几天我发工资再支援你。"

小黑子打着哈欠说："哥们，不是不帮你，我媳妇下个月要生了，确实是也紧张，你再挺挺，等等我……"

蓝猫说："真是没有，我们公司两个月没开工资了！"

随后的几天，个别几个朋友的电话没有打通，确切地说是通了没人接的状态，然后会有微信过来："这几天出差，有事回去联系。"

第二天小黑子却微信转账过来 11000 块钱，他说："别嫌少，先用着，不够再等等。"大刘激动地看着屏幕上的 11000，感慨万千……

人要尽量怀着美好的心去看待这个世界。大刘感激老杨什么都没说就打过来 10000，可是大刘更意外收获小黑子的隔天关怀，他先抑后扬的 11000 块着实让大刘心生温暖。可能在小黑子眼里，论感情论情况头天晚上应该借给他三万五万的，手里实在没那么多，但是大刘开口了还不能让他心凉，最后转了这 11000 块。大刘希望他打电话的哥们心里想的都是：论咱们的交情，给你拿多少都不算多……有了这个基调，就算拿过来 1000，心里头也暖着。

这就是人和人的三观不同，所带来的期待和失望的不同点，最让大刘感动的是那 11000 块背后对方的心思……

【智慧屋】

亲密关系“治未借”

如果你确实不能够帮助对方，记得要“治未借”，就是在对方开口之前的交流中，就道出自己最近的经济状况，把对方想借钱的心思止于萌芽之中。这样对方衡量过后就不会再开口，你也不必陷入拒绝的尴尬当中，双方都不用承担因为拒绝而带来的心理负担。

普通关系“拖延借”

如果彼此关系还好，那么不如找个托词说明自己眼下确实无法帮助对方，比如上文中大刘朋友的若干版本，都值得借鉴。还要说明如果来得及，可以等下个月或者可以等当下自己的事情处理完，等等。总之，不是干脆利落地回绝，而是酌情用拖延法去委婉地拒绝对方。通常收到这样的回复，一般人都会知难而退了。

总之，借钱确实是个敏感的事儿，而越是发生在亲密的关系之间越是要小心翼翼地斟酌处理，毕竟从长远的角度来看，任何关系都是情大于钱，所以回绝对方，除了理由充分、方式方法对路之外，还要有绝对真诚和充满温暖的关怀态度。无法帮不是不想帮，而是无能为力，且略有自责。如果能帮，就不要犹豫，人世间的任何缘分和付出都是相互的。要与人为善，与人为安。

倾听有度，不要成为别人口中的低情商者

因为我们好，所以只要我有心事就想第一时间和你“分享”，无论白天黑夜，因为——我们要好。

因为我们好，所以只要我有难处就想第一时间和你“倾诉”，无论你是否忙，因为——我们要好。

因为我们好，所以只要我寻求帮助就第一时间想“找”你，无论你是否正在低谷，因为——我们要好……

可是随时随地，白天黑夜，只要你需要，我就需要在，我们真的要好吗？

苏最近因为老公睡梦中喊了一个陌生女子的名字而十分苦恼，苏开始辗转失眠。已是夜里十点钟，她拿起电话翻到了林的名字，这是一个她认为可以倾诉两性话题都不为过的男闺蜜 ，于是拨了过去。林刚刚下火车，他在外地做销售工作，奔波一天很辛苦，林轻松地说：“讲来听听，我正好找一家面馆。”苏开始了泄洪式的倾诉，要知道她内心中这些不为人知的不堪一直都没有机会倾诉。时间一点一点流走，已经有35分钟了，苏问：“你的面好了吗？”

林笑着说：“已经凉了，不差这一会儿了。”然后一丝一缕地开导起苏来。因为他话语中说“不差这一会儿了”，所以这“一会儿”说完

后，两人挂了电话，林开始大口地吃起面条来，面条已经有点坨了。

第2天晚上，又是十点左右，苏的名字又显示在了林的电话上。林的妻子看到很是生气，大半夜怎么又打电话，昨天因为没吃好面条林的胃都不舒服了，不能给苏养成这样的习惯。于是，她把电话夺了过去，按了静音，电话一直响到自动挂断。这头，苏有点失落。次日早上八点，林回复微信过去："昨晚睡着了。"但是苏也已经过了倾诉的档口，情绪显然已经平复了。

这样的节奏持续了两三天，苏慢慢意识到林在夜里接听电话并不方便或者作息习惯和自己并不一致。林毕竟有了家庭，他不只是自己少年时的好友，更是别人家庭的一员了，所以不再深夜打来电话，而是选择其他时间或者干脆不倾诉了。

"自觉"是一个好朋友的基本素质，"要好"更是一场互动，这和爱情一样，不能因为你对我好，我就一定要爱你，避免这样一场疲劳感情的最好方式是不开始。如果已经开始，就适当降温、委婉地拉开距离。即便这过程中感情会稍有冷淡，但对真正的关系构不成伤害，所以撇开不好意思是第一步。

"下面我们来接听这位朋友的电话。"主持人磁性的嗓音总会给人一种安全感。

"主持人你好，我感觉处理不好和同事之间的关系，每天都陷在勾心斗角里，实在有点力不从心。"

这是一档深夜十一点的节目，主持人听着这位朋友的倾诉，她显然没有停下来的意思，继续说道："公司年会交给行政策划，行政部又让部门经理参加会议分派任务……"

"陷入人际关系维系的苦恼中，我很理解您的心情，因为现代职场中绝大多数人都有过这个心理。”主持人打断了她的琐碎倾诉，而直奔主题：“建议您工作之余要保持一下运动，让自己的心变得开朗、乐观，再找一点兴趣所在，哪怕是一周学会一款美食的烹饪，也就能降低你对同事关系的过于看重，自己只把要做的事情做好就可以了。现代人最不必要的就是将心情陷入职场关系中。”主持人温暖而有力量的言语给人以方向感，同时也算彻底回答了这位朋友的来电。电话在一首《冬季到台北来看雨》中挂断，主持人温暖的声音还萦绕耳边。

相信很多朋友都听过这种“夜听电台”，被电台中善解人意、多谋多思的主持人所吸引。在无数个城市的夜晚，有越来越多孤独不安的灵魂在这种电台中浮现出来，这些灵魂的共有特质是：孤独、敏感、无助、看似独立却十分依赖他人。但是，不知道大家有没有发现，一个优秀的夜听电台，多数是倾听和拒绝参半，并不会任由倾诉者大篇幅、无限度地诉说自己的苦恼，而是在“引导式倾诉”中完成倾听并给予意见。这样这档电台的互动黏力就一直刷新，也不会成为没有节制的个人故事电台。

【智慧屋】

给深夜来电降温

有些拒绝，尤其是掺有情感的拒绝，“当机立断”和“直截了当”的做法则不适合，这样未免伤情了，自己的内心也会过意不去。那么，这种掺有情感的拒绝要通过缓冲式的降温来递减式拒绝。要降低成功通话的频率，比如可以采用第二天回复来电的方式，或者其他非语音对话的方式，如微信、微博等，不要在习惯上给对方以依赖的可能，这样自己再想改变则有困难。

给深夜来电控制时间

深夜来电多是情感需要大于理性需求，注定是一场倾听中的马拉松，不只耗时，也确实耗心耗情。所以即便接通深夜电话也要有意缩短时间，不要任由对方随心倾诉，可以以其他事情为由，在适当的时机提出结束对话，比如还有邮件未发、孩子醒了，等等。

给深夜来电定位

在你的生活中是否存在深夜来电，有一些也并不取决于朋友的自觉性，而在于自己的定位。你每每在社交中都要强调自己24小时开机，随时欢迎来电，那对方给你打电话则是瞧得上你这位朋友。所以，给深夜来电定位很重要。对于熟悉的朋友，可以半开玩笑地说：这个事太费脑筋，今个先好好休息，明天精力充沛了再一起琢磨；对于不熟悉的人，可以认真地说：如果没什么特别紧急的事，咱们可以明个再探讨。久而久之，在圈内你对深夜来电的定位大家就都心里有数了，一定不会再轻易深夜致电。

生活是由众多个习惯所构成的，而习惯最初的养成则来自于最舒适的“度”。当有一些人一些事的出现让你感觉到并不舒适，那么就要衡量是否值得去做。拒绝不是一件自私的事儿，而是维护双方好习惯的必经之路。

做流言的碎纸机，无声拒绝八卦旋涡

在2017年的各路媒体平台，比如电视广告、微信朋友圈、微博上等都在宣传一条公益广告，它的主题叫作：语言暴力的伤害。我们也常看到或偶尔参与到公司、朋友间组织的“传话游戏”中，亲身体会了一句话历经五个人传播就彻底面目全非的事实！而在我们日常工作和生活中，“以讹传讹”的事情几乎每时每刻都有发生，它成了茶余饭后的一道“甜点”，也成了人际交往中的一把“利剑”。

有句话叫流言止于智者。程子打小和姑姑就特别亲，因为常年寄居外地上学，姑姑家成了他第二个家。如今程子大学毕业走入社会，还是每逢假期就去看父母和姑姑。孩子出落成大人，父母老了，他成了他们的依靠，尤其是精神上的。自从上了年纪以后，老父亲就特别爱唠叨，这次程子回家，老父亲和他喋喋不休地说起姑姑的各种不是，十分动怒，一边说着一边让程子给“评理”。程子看着电视，过会儿说：“咱俩下楼遛会儿圈吧，看看你腿脚和我比咋样？”父亲说：“那啊，还真说不准！”说着就穿衣服下楼了……

他去姑姑家，经常犯头疼病的姑姑精神头儿好得不得了，就差拿个鸡毛掸子敲窗台数落程子老爸了，也就是自己的老哥哥，说起哥嫂的各种不是和不妥，喋喋不休的劲儿和程子老爸比起来不相上下。程子一边吃着姑姑拿出来的瓜子，一边说："老姑，你眼睛花没，咱俩再下盘跳棋咋样？"姑姑满脸的怒气，听到程子这么说忍不住笑了起来："上回和你老弟玩，好像丢了一个棋子呢！"说着，去另一个房间翻起抽屉去了……

其实程子听到两头互相指责埋怨，他都不开心，但是无法评理，无法论对错，说谁一句不是，都容易把火挑得更大。相反地，不如让所有埋怨止于他这里，两边都发泄痛快了，只是他多担了一分烦恼而已。每个人都有各种各样的家庭矛盾，学会做一台流言碎纸机，将受益无穷尽。

娱乐圈里的绯闻八卦从来就不缺。早在刘嘉玲年轻时她就遭遇过太多不幸，也因此有过太多的负面消息，感情之路一直也是坎坷不断。然而在娱乐报道铺天盖地时她也未曾选择公开发布信息，做任何解释和说明，相反她一直保持沉默，没有颓废，她用最好的姿态回复了所有流言和绯闻。一切真也好，假也好，刘嘉玲如今过得幸福，自己活得灿烂。

"看到没？今早张总和李玲一起来上班的，李玲坐的是张总的副驾驶座位！"娟子凑过来小声地和佳佳说。声音明明已经很低，但是站在打印机旁的另一个同事说："你才知道啊，李玲还给张总带早餐呢！"这次话音一落，办公室的人像是开起了茶话会，纷纷放下手里的工作，起来活动筋骨，顺便还有这张嘴。办公室一共 5 个人，4 个人在聊这个八卦，就佳佳自己在忙活手里的招标文件，多少有些突兀。她站起身来，从抽屉里拿出几条咖啡，人手分发一袋，一边接热水一边漫不经心地说："还真没看到。"接下来几个人拿着咖啡围绕着这个主题聊了有七八分钟，佳佳更多的却是听，和她们坐在一起，偶尔发问，不做任何话题的发起者。

晚上技术部的小婉约佳佳一起吃小串，又聊起这件事："你知道不，李玲和张总好像关系不一般呢！"佳佳一边吃着金针菇一边说："没看出来啊！"……

你说佳佳不合群？但是她和同事们一起喝咖啡吃小串，你说她八卦吗？可是她一句实质的话都不说不传。久而久之，大家说什么都不避着她，也不一定要拉着她，可是小聚餐、小茶歇还少不了她。

现代职场中，有多少人梦寐以求这样的职场关系，如果你还没有，那就反思一下，自己有没有像佳佳一样去处理问题，差在哪个环节就攻克哪一个，关于职场修炼，你自省的一刻就是修炼开始的时候。

【智慧屋】

禁止发起任何八卦话题

无论你身在职场、家庭还是朋友之间，都请你禁止发起任何八卦话题，即便是有，也要记得传播美名，而不是成为负面话题的始作俑者！好事不出门，坏事传千里，古人的话都是有道理的，你以为流言会止于眼前，其实一个小时内可能就传播开了。对于你在任何关系中的形象和人设都没有正面影响的愚蠢行为中，八卦排在榜首！

避不开就只去听

如果身在一个小圈子，大家正讨论某一话题，你实在是避之不及，那么听听就可以了。但不要低头一边忙着手中的事一边听，而是要尽量和大家的节奏一致，他们一言一语你不参与就可以了，可是尽量不要掉队。大家都在喝咖啡，只有你在忙工作，一次两次可以，时间久了，很可能会影响同事关系和谐，所谓的“维护”，这也是其中一项。

避不开就偶尔加以附和

闭是非之口，绝不主动发起八卦的话题。但是面对热烈的“讨论氛围”，你不插上一两句总会显得格格不入，在这种为难的时候怎么办？接打电话是一个临时性办法，但不能总在同一时间你刚好在忙，那么可以偶尔无关紧要地发个问：“是吗?”“还真不知道。”“你怎么知道呢?”……这些都是不过多过长参与话题的终结式语句。

如果必须聊，记得一定是“美誉”

闲谈莫论人非，但未必你所处的外界环境百分百地给你这个条件，如果情形促使你必须要参与、必须要聊起，请你记得一定要聊这个人正面的信息，多给予肯定。因为你对一个人说什么做了什么，虽然是背后进行，但天下没有不透风的墙，传到对方耳朵里只是早晚的事。

学会管控自己的情绪，是情商之中的大智！而管好自己的嘴巴，则是自律中的初级标准！你在哪个位置都是有原因的，你的家庭是否和谐？朋友之间是否许久未见，依旧相亲？同事之间是否相互支持、互利互赞？这都和你的嘴巴有直接关系！做流言的碎纸机，任何八卦只要进了你的耳朵，从嘴巴里出来的都是“白纸”。如果一定要有图案，也记得一定是美好的春天！

有德有品地拒绝道歉

为什么他伤害了我，我就一定要原谅？为什么他明明深深地伤害了我，我就一定要这么轻易地原谅？你的情绪作用可以被理解，你爱憎分明也可以被理解，但是你不能控制自己的情绪，无德无品地拒绝道歉，怎么可能被理解？无德无品的拒绝本身就是一种恶意伤害！

近日有一则新闻视频刷爆了网络圈，视频中一个中学生模样的男孩可能是用弹珠之类的玩具，不慎或者是捣蛋将一辆私家车的玻璃打碎。车主暴怒，视频中他抓住男孩衣领将其狠摔在地，连踢好几脚还不停。最后因为打得太狠，周围的邻居都看不下去了，于是上前劝阻，可是男子仍然是怒火中烧。此时视频中最让人揪心的一幕出现了：男孩双膝跪地，猛扇自己的耳光。他被逼用这种方式向车主道歉，人们录下了这让人心里极不舒服的一幕。

显然，男子拒绝男孩的求饶，也拒绝他表现出来的胆战心惊的道歉，而是仍旧选择苦苦相逼。也许是熊孩子闯祸，故意打碎了车主玻璃，那么车主可以找他的监护人理论。但是当他拳脚相向时就已经改变了事件性质，而后期的行为更是给男孩留下了心理阴影。

即便是熊孩子有错在先，他有意道歉仍旧让盛怒之下的车主难以原谅，那么车主选择的谴责方式也要合情合理，不能挑战社会主流的道德底线。车主拒绝他的道歉也要有德有品。而相反，当极端的方式出现，后果是社会底线的被挑战而不被看重，人们更加呼吁人性的温暖！同时，一个处于青春期孩子的一生也将在今天有所改变，想必他今生都不愿再提起这件事，也不愿回忆。

而与之相反的新闻，也有太多令人备感温暖和安慰的。比如初中生将一辆宝马车剐蹭致使车身掉了漆，宝马车主不在现场，男孩却仍旧写下纸条，留下电话姓名和地址，等车主回来找他负责。当宝马车主回来看到这一幕后深受感动，不但没有索赔，反而表扬了孩子的诚实和勇于承担责任的好品质。这一对陌生人，都在为对方着想，都勇于承担后果，两人的品质双双夺目，闪过宝马车、闪过纸条字迹，这是两颗善良而热忱的心。

相比起第一则新闻，绝大多数人还是更愿意看到第二则。社会应该是充满阳光的，至少应该不是晦暗无光的，毕竟人们的心都是柔软的，希望生长在爱和道德的启示中。而古话也云“知错能改，善莫大焉”，即便是暴怒不可遏，也不能丢了人性底线。

【智慧屋】

将拒绝控制在社会平均容忍度之内

每个人都有拒绝的权利，你可以拒绝对方的道理，也可以拒绝去理解和体会对方当时所处的环境，但是你拒绝道德却是触碰了社会平均容忍度的红线。人们不但此刻不会关注对方到底错在哪里，还会无限放大你不够道德的标志，可这种问责却不来自于多事的旁观者，而来自于缺少尊重道德底线的自己。

最有品的拒绝是尊重着说不

任何人都没有权利强求一个人接受一个他并不认可的道歉，或者诸如此类的诉求。你有权利说不，但是说不的方式却是千万种。无论社会文化如何提升和进步，最有品的拒绝仍然是尊重着说“不”。你可以拒绝当前这件事，否定对方当前的诉求，但却不要轻易否定一个人，仍然要有风度地给对方保留基本的自尊。

告别怒火中烧的拒绝

再温顺的人，都有自己的脾气秉性。在生活和工作中，我们可能遇到逆行的人和事，让我们一时难以自控的情况也许不在少数。冲动是魔鬼，话糙理不糙，很多时候人在发怒或生气时的决定，经过冷处理之后自己会有明显的态度转变，甚至不惜做一些弥补措施。所以每个人控制的节点都是不可以在怒火中烧时说“不”去拒绝对方，也不在此时做任何决定，因为这个时候注定内心方寸凌乱，做任何决定都有错误的风险。为避免后续更加麻烦，请按捺住情绪。

藏在“椅子”里的拒绝

如果拒绝可以不通过语言表达，就免去了彼此之间沟通可能面临的尴尬；如果拒绝这件事没等自己开口，对方就已经收到信号；如果不需要考虑备选方案、组织语言等这些烧脑的问题来助力拒绝就好了！其实你想的这些，有人已经为你想过了，并且找到了解决方案。

因为工作原因，我们往往有很多公关接待要处理，来来往往的拜访络绎不绝，有一些是真正有益于公司业务开展的，也不免还有一些鸡肋的接待。或者最可怕的就是碰到“投缘”的客人，乐此不疲地和你聊着天南海北，稍不留神，一个上午就过去了。只要你在职场中，就难免要与形形色色的人交集。

全球著名的希尔顿大酒店在管理上不只是以“微笑服务”的管理措施闻名内外，其实他们的椅子也藏着一点小秘密。

希尔顿的酒店大堂，对于椅子的舒服度要求没有那么高；相反，希尔顿刻意要求酒店大堂的椅子不要过于舒服，因为一旦太舒服，人们坐下了就不愿起来。而大堂是流动客户的临时休息区，如果过长时间被固定的人占有座位，那么其他客人就不能享受到，所以“时段性更新”是希尔顿对大堂管理。而同时，对于餐厅和客房椅子则要求舒服至极，让人们尽情地享受自己的欢乐时光，人们就餐的椅子越舒服，就可能侧面影响到进餐的时间，想多坐一会儿，也可能就会多消费一点。想多在房间里待一会儿，就可能对希尔顿的设施评分高一点。

如果说希尔顿的这个想法不是通过这种无声的拒绝传递，那么无论换上多么漂亮的美女去提醒客人：您只可以休息 15 分钟，恐怕也会令人感到不爽。客人总是有无数作为“上帝”的理由，会据理力争，那么再由大堂经理沟通解释这件事，简直是得不偿失。不过当把椅子做了文章之后，不需要人为的提醒，客人就会自觉地站起来活动筋骨，离开休息区。

而这种“藏”在椅子里的秘密并不陌生，当下也逐渐被一些公司在管理技巧上广为应用，并且十分有效。

某公司将职位越高的主管的椅子设置得越不如内勤的舒服，因为公司倡导的管理文化是：“砍去管理者的屁股、砍去中层的手脚、挖空基层的思想。”意思是，作为管理者要抬起屁股走到工作中去，体验式发现并解决问题；而中层领导不要过多地对公司管理指手画脚，同时基层的员工更多的职责是执行，不需要过多思考工作的方法是否对路，只要听从指挥就能满足公司的要求。所以依据这样的管理思想，公司特意将各层级的椅子做了细微的调整。

同时，公司的接待室设有两处，一处是高档沙发，一处是会议用座椅。当接待人有定好的会议时，一般都选择将客户引领到有会议座椅的接待室；而如果客户相对重要且时间允许，则会被引导到有高档沙发的接待室。并不是客户本身的级别有什么样的差别，而是对于接待时间从根本措施上进行调控，从客户对公司的价值上做根本的筛选，保留基本的往来交际即可。

有很多公司将会议座椅设置得越来越简单。理想而有效的会议时长通常不超过 1 小时，时间越长，处理事情的敏锐度会下降，人体生理会略微疲劳。有不少公司通宵夜会，能传递的核心却只有会议精神，真正就会议的内容来看，并不见得多么高效，反而让大家的身体处于极度疲劳。也有一些现代化公司为了让员工真正地动起来，倡导站式办公，也颇受员工欢迎。因为这让大家觉得告别了懒惰，相比起来处理工作的效率更高，每个人的精神面貌也大不一样了。

秘书带一位摩拜的客人到运营总监的办公室并请其落座。运营总监过来礼貌地行握手礼，但是却带了一个含蓄的动作：他认真看了下左手腕上的手表，冲客人笑了笑。

客人情商也是极高的，还没等总监开口，他说："李总，您时间紧张，我也不过多打扰，就是想谈一下策划案的合作可能。"这次交谈只有 15 分钟，却敲定了合作的策划案框架，两人都以极高的办公效率完成了这一次简短的谈判。

这种开门见山的业务沟通在职场颇受好评，人们省去了鸡肋的寒暄，直奔主题，在两个都是飒爽职场风的人之间，是十分受用的。而总监一个看表的动作传递出的信号，比直接说"我时间紧张"相比表达出的不仅是礼貌，更是一种商业礼仪了。

【智慧屋】

拒绝不一定非要发声

一谈到拒绝，我们首先想到的是 Say No！告诉对方不可以。但是，这仅仅停留在基础层面。真正具备智慧的拒绝往往不需要你直接说 NO，比如椅子里"藏着"的秘密，这种无声却有效的方式就是一种智慧的凝聚。你遇到一个熟人，他天南海北聊个没完，你眼看着重要的约谈赶不上，那不如先看一下手表，这个动作传递出去的信息比 Say No 更直接，没有发声就已经生效。

拒绝的信号要友善地传递

不论是看手表也好，还是接电话也罢，在表明拒绝意思的同时面露微笑是最基本的礼仪，略微点头表达歉意也是最基本的职业素养。越是发生在职场上的交际往来，越是要展现风度礼仪，大家看的往往不只是个人，而是隶属于某个机构单位的某个职位负责人。

拒绝中的再次邀约给对方足够的台阶

越是主动发出的拒绝信号，通常越是要热情地表达甚至是邀约下次，抬高对方的身份，以缓解对方被动接收拒绝信号后的落差感和尴尬。比如某公司销售主管接待供应商的宴席上，因为晚间要布置重要会议，销售主管不得不离席，可是他却主动举杯敬酒："下次希望您给个机会，我们能有更多的时间探讨。"越是主动拒绝的一方越是要抬高对方的尊贵，尤其是在公众场合。

拒绝的智慧总是人外有人，天外有天。但是却万变不离其宗，人们总是希望在表达拒绝的同时，让对方能够更好地接受。既能达到自己的目的，又能给足对方台阶。所以人们也越来越希望，如果拒绝通过某些含蓄的信号就能够清晰地传递，而避免彼此尴尬的沟通则是最好。于是，人们的智慧越来越凝聚，拒绝有时也成了一种默契。

PART 5

家庭关系“治未病”：
在温暖中拒绝

熟悉的地方没有风景，熟悉的人缺少吸引。连电影《后来的我们》也同样告诉人们要保持30%的神秘。你既要看透对方，又想让对方保持吸引力，以维护彼此之间的情感新鲜度，真是难于上青天……

距离产生美：保留双方的隐私空间

感情有“洁癖”的人，以及感性占据头脑上风的人们，都说在爱情中要坦诚相待，做彼此的透明人。你的一言一行、一思一想无须多言就能全然了解，人们管这种熟悉叫作“默契”。但是当感情步入生活中，融入柴米油盐，你会慢慢发现，自己内心是多么渴望着有一块任谁的触角也触碰不到的地方，那里只听得见自己的呼吸。就像绝大多数男人，一旦过了30岁，下班之后到了家里楼下，不是立刻上楼，而是坐在车里抽支烟，他们觉得这仅有的一支烟的时间，才是属于自己的绝对的安全感和归属感。

前段时间刘嘉玲上了一档综艺节目，在节目中主持人问她：“和影帝梁朝伟的爱情是怎样的?”刘嘉玲说：“我们彼此太熟悉，但我们彼此也给对方空间。他可能睡醒了一觉，觉得太闷就自己订机票去伦敦喂鸽子了……他会是这样节奏的人，我也很习惯。”现场没有人追问：“为什么你不一起去?”因为在大家眼里，这对夫妻的所有相处方式，抛开物质不说，实在是很有精神品质的，给彼此留有一定的空间，因为一点距离产生一点美感，才是不会疲劳的关键砝码。

但是在现实生活中，感性占据上风的时候，理智会迫于无奈而让路。很多人明明知道和谐的家庭相处之道是保留空间，给对方留有隐私的权利，却很难真正做到。

前一段时间的热播电视剧《我的前半生》中，马伊琍饰演的罗子君最终的形象固然可爱，但其实一开始不是这样的。在开始的前几集，罗子君的守夫之道是大家有目共睹的，她因为自己的丈夫陈俊生和实习生一起出现在首饰店而大发醋意，在陈俊生回到家后锁定实习生的信息问个不停，查看陈俊生的微信和通话记录。陈俊生一边解领带一边回应着罗子君的问题，显然他已经心力交瘁了。然后一个温柔体贴的女人出现了，剧中的凌玲，不算漂亮出众，却有一颗温暖的心，陈俊生明知不可为而为之了。他陷入了这个女人的温暖，开车送凌玲回家，在把她送到目的地后他执意要求再待一会儿，哪怕一句话不说，他也愿意和凌玲在一起待着，因为觉得轻松，觉得没有人剥夺他的隐私和空间。罗子君输了，她因为一点儿所谓亲密的距离输掉了陈俊生整个人。

剧中的罗子君相信是很多人生活中的原型，只是绝大多数人没有被放大到荧幕上，还自己偷偷保留着自以为不为人知的一面。在爱人睡着后偷偷解他/她的手机密码，翻开对方的通话记录和微信，一条一条排除异性的沟通记录……做得相对好一些的就是直接要求，对方的每一条说说自己可见，心底里每一个念想都要知道，这样才有安全感。可这样，对方不见得有归属感。

“奶茶”刘若英结婚生子，她是人们心中温润无比的奶茶，人们想知道她的婚姻是怎样经营的。但是刘若英很少晒幸福，而且她说生活中和先生各自都有独立的空间，甚至晚上也会分房睡。奶茶说，这是他们保鲜爱情的方式，她是幸福的。涓涓细流源远流长，不必朝朝暮暮两两相守。

未曾真正经历过感情生活的人，都以为爱情最好的模样是分秒不离，但是走过的人才知道，一切刚刚好就足矣，花开不必太盛。

最好的爱情模样是两相欣赏，如果你拥有自己的事业和忙碌的核心，就不会“闲”到要在乎一个密码、一个眼神、一个通话记录……距离产生美，最好的隐私就是藏起你那些琐碎烦乱的小心眼儿。

【智慧屋】

拉开物理距离是第一步

物理距离包括手机的距离、行踪的距离、应酬的距离……

不要试图知道对方的所有设备密码。这种心思和行动一出现就会令人反感，查到什么未必是你真正想要的，没查到什么又确实产生了紧迫感。对方工作已经很累了，面对不够亲近的人已经笑得疲惫了，只想歇一歇。

精神上最美的距离是欣赏

一个人越是优秀，就越喜欢在最亲近的人面前拉开一个安全的精神距离，这个最亲爱、不再因为你们生活起居的零距离而觉得你平凡无奇。也就是当你越优秀，欣赏你越多的人反而是身边最亲近的人，第二位则是外界的陌生人。大家的潜意识都是：熟悉的地方没有风景，却不知道熟悉的人也可以在心中熠熠生辉。

生活的仪式感拉开美的距离

相比起国外生活的仪式感，可能国人更在意活得痛快自在。二两白酒、三瓶啤酒的惬意，经历的人才懂。在家庭中，在最亲近的人面前放松固然是最基本的状态，但是放松不意味着放纵不经营。日子是需要一点仪式感来增加美感，增加一些必要的距离的。一个纪念日，一个节假日，一顿你亲自下厨的晚餐，一场野外的郊游，一场今日上映的电影，甚至一条美好的裙子、一件西装……

很多中年夫妻把日子过成了鸡肋，亲情大于感情，这不乏有一些缺憾。毕竟每一场婚姻都是缘分所致，天作之合，人们祝福美好的人生，也希望经历美好的人生。那么从保留对方的隐私空间开始，给彼此的相处注入一些氧气，少一些紧迫，于人于己都是收获。

幽默地说不，结局不苍白

有人的地方就有交际，就有相处的方式方法，这是无法回避的。而因为每个人的情商、智商的不一样，相同事情处理的结果也可能大相径庭。其中面对拒绝这件事，有不少人感觉很棘手，因为相比起应对拒绝的策略，伤自尊、丢面子是当前的第一反应，很多人一时还回不过神儿。而在人际相处的尴尬中，幽默像是一剂万能丹，能最大限度地减缓尴尬和破冰。这在职场商海中得到较为常见的应用，且屡试不爽。不过它的应用领地可不仅仅局限于此，在家庭关系中同样有效。

文学和艺术里有一种相通的手法叫“反衬”。越是严肃的问题越要轻松地说，越是伤人的问题越是要小心翼翼地提，越是冰冷刺骨的事实越要温暖沁心地表达。

最近“抖音”的热度居高不下，里面的段子也大为人知。

女孩向男朋友撒娇问：“你可不可以给我买包包？”

男朋友问：“那你能不能听话？”

女孩说：“能。”

男朋友说：“那好，听话，咱不买……”

相信这段子赚了很多笑声，这是一个典型的拒绝，但是人人听闻都狂笑不已。这个段子中的拒绝那么直率，但是掺着幽默一说出来，既博了对方的笑又拒绝了对方的要求。当然这只是一个搞笑视频，但它绝对体现了幽默在拒绝中的力量。

儿子下学期升高中，班里同学有的买了新手机，妈妈们一聊天发现有了手机的孩子们不是在聊微信就是在玩什么《王者荣耀》，母亲心里盘算着要不要给儿子买这个手机，但是孩子大了，又不好硬生生地拒绝，总怕伤了孩子的自尊心。

考试过后，儿子兴高采烈地扔下书本和老妈撒娇："人家都买手机了，老妈给我也买一个吧！"

正在厨房切菜的妈妈没有停下手中的活儿，长舒一口气："儿子，家里的钱都存给信用卡了，都是正数飘红！暂时取不出来啊！"

儿子的脑袋瓜儿反应特别灵敏，他识破妈妈的幽默后又气又笑……这个事情的结局就是妈妈确实没有答应儿子买手机，虽然他可能有一定的失落，但是妈妈的一个开场幽默让他的心情缓解了不少。幽默地拒绝代替了认真的说教，至少是事半功倍的。

有多少家长和孩子之间的对话总是"说教"式的，这是引起孩子和家长之间矛盾的根本源头，孩子们更希望遇到一个大哥哥大姐姐，遇到一个朋友，再遇到一个老师。但是家长的耐心总是很有限，其实尝试加入一些幽默来沟通绝对会有意想不到的效果，就连拒绝也成了一件轻松诙谐、不那么尴尬的事儿了。

小婷去火车站接婆婆，老公今天加班赶不过来，而小婷虽然开车技术没那么差，却是个路痴，从火车站出来转广场转盘绕了足足三圈才开出路口。一路上婆婆把安全带扎得够紧，伴着大幅度拽安全带的夸张动作和家乡口音说道："婷啊，广场妈看够了！"小婷哭笑不得，本来心里还觉得不好意思，突然一下就轻松了许多。可没想到曲折并未就此结束，谁知道家门前的三条高架桥婷婷愣是上错了，眼看着家在右前方，就这么错过了，恨不得绕了小半个城，婆婆拧开矿泉水喝了一口，扭头对小婷说：“孩子，你不是说明天才领妈逛街吗，今个就开始啊？”她特有的幽默表情和语气逗得儿媳妇又羞又笑。终于回到家，晚上老公回来，三个人在饭桌上，这个曲折却成了幽默的谈资。你看，懂得幽默的婆婆就这么轻松地收获了和谐的婆媳关系。

现实中太多婆媳关系十万火急，甚至有的吵到不可开交，楼下被邻居投诉半夜老是吵架，物业了解后大跌眼镜，居然不是两口子，而是婆媳，多么不幸的一家。如果任何一个人懂得幽默，都可以轻而易举地化解尴尬。这条捷径，有人听说过，有人看到别人走过，但就是自己没有亲身经历过，那么你就没有受益的机会。

【智慧屋】

拒绝多以幽默开场

越是容易引发尴尬和自尊心伤害的拒绝越是要幽默地开场，切不可过于严肃和正式地进行，“不顺拐”的沟通偶尔是事半功倍的，这一点尤其适合青春期的孩子、婆媳、姑嫂这类本身就容易敏感的时期和关系。如果本身已经是冰冷的拒绝，你越是正式越是会加剧拒绝带来的冰冷感，让对方在面子上一时找不到台阶，不引发对你内心的排斥是不可能的。

幽默和玩笑不同

幽默是建立在含蓄、与当前话题相关的基础上的极为自然的插曲，令对方接受起来有浑然天成的衔接感。但是玩笑则有刻意的成分，如果尺度过大还显得对当前沟通内容不够重视。所以建议在特殊家庭关系的沟通中，尤其是在拒绝的话题上，要注意幽默和玩笑的差别，同时要注意尺度不宜过大，以免引起和氛围极强的反差感，令对方产生被取笑的错觉。

幽默必须身体力行

如果你听完对方的想法，已经决定拒绝，那么预备幽默开场的前提是，一定要具备驾驭幽默的能力。有人以为幽默就像叙事一样平缓，那你就错了，节奏是可以缓，但是你的表情、语气、手势是绝对要配套跟上的，比如挑眉、似笑非笑等都是细微的引导，让对方随着你的言谈举止自然产生一种代入感。

拒绝中的幽默需要对对方的反应有回应

如果对方接收到了幽默的信号，做出了反应，比如忍不住笑或者是接话，你都要积极给予回应，以肯定幽默的效果和力量，但注意语境还是在幽默中，不必切出。任何幽默的结束方式都是淡出最好。

拒绝是一件你不论用再多技巧都难以彻底破冰的事儿，但是幽默绝对具备基本的暖冰作用，而在往往你以为不必过多倾注心思的家庭关系中，谈起拒绝的事，它则是不可忽视的温暖力量。因为这彻底转移了被拒绝对象的注意力。

找不到“借口”拒绝？——善意的谎言来帮忙

善意的谎言从来都无碍于诚信，只要初衷是博对方安慰和高兴，那就是可以被理解而且珍贵的。真正善意的谎言既不会造成信任危机，也不会玷污文明礼法，反而会让人心生宽容。善意的谎言，它的核心本来就是善良而美好的。

一个普通人的日常工作和生活，总是免不了有拒绝的时刻。在遇到别人拒绝我们的时候，通过自身产生的心理反应和感受十分容易判定这不是一件令人愉快的事情，尤其是在察觉到对方是出自情绪而并非事实上为难的拒绝，会觉得自己自尊心受到了重创。所以同理，在我们拒绝对方的时候，即便真的是发自情绪的拒绝，也要给出极为充分的理由让对方收到拒绝后不至于自尊心受伤，乃至影响到你们以后的关系。这个时候，就需要一点智慧，需要一点善意的谎言了，只要是为了对方心里舒服，为了彼此以后的关系更加和谐，适当的谎言也是向阳的。

冯巩、闫学晶、牛莉演过一个小品《家的代价》。冯巩和闫学晶在小品里是一对老夫妻，小品中丈夫为了给妻子买化妆品大过年出来做代驾，而妻子为了让其他同事回家过年，大过年在单位值班，由此引发接二连三的小误会。但为了让对方心里舒服，为了家庭和谐，两人处处都是善意的谎言，笑过之后让人温暖。如果说善意的谎言是为了让对方更心安，那可算作不折不扣的良方。

部门主管今天过生日，单独邀请小叶参加晚上的聚会。小叶刚来公司不久，是个充满青春气息的女孩，她刚毕业，还没太经历过这种单独的邀请，主要是主管并不是她欣赏的类型，从和他一起出差时，他执意要拿走客户一整瓶的咖啡试饮装时她就确定了。可是主管已经提出了，这让小叶有点猝不及防。她想直接拒绝，但考虑到毕竟还要在主管手下做事，接下来给小鞋儿穿怎么办？或者他再进一步邀请呢？毕竟自己没说出什么刚性的不可去的理由。转念一想，小叶在微信上回复主管："领导，先要祝您生日快乐啊！今晚约好闺蜜一起去医院看她妈妈的，阿姨一个小手术已经住了两天院了。这事儿昨天就说好的，不好更改。谢谢您的生日还和我分享，隔着屏幕我也能感觉到开心的氛围呢！"微信发出后，小叶心里一阵忐忑，反复回看微信记录，自己的语言是否得体，理由是否充分，尤其是这个谎言有没有漏洞。没过几分钟，小叶如愿以偿地收到了主管回复的信息："谢谢，那以后有机会再聚！"虽然小叶拒绝了主管的聚会邀请，但是自己却并没有和所谓的闺蜜有约，只是不好直接回复主管不去，只能搬来救命的善意谎言，让彼此之间不过分尴尬和冰冷。事实来看，这确实有效。

我们在工作中很多时候会面临这样的情况，对方有求或有邀于你，你内心出于某种原因实在不想参加，可是直接说出又未免太过伤人，毕竟绝大多数邀请还是出于好意，那么当这种困扰来临，又面对拒绝理由不充分的时候，可以"搬出"善意的谎言来解围。但值得注意的是，谎言不要过于复杂，否则弥补谎言的耗时费力也将让你痛苦不堪。

周末是一家人最开心的时光，晚饭桌上，一家三口其乐融融，丈夫接到了老家姑姑打来的电话。妻子一看来电显示三姑的名字立刻放下筷子，示意要亲自接听这通电话。丈夫将手机递给了她。“喂？三姑啊，大亮下楼去超市了，有什么事和我说吧。”

“哦，这不嘛，你弟弟和同学啊明天想去你们那儿一趟，给你送点家里的鸡蛋，他们顺便可能住个十天八天的，两个人找到工作就搬出去！”

三姑一直是老家最“事儿”的人，她去年借的两万块钱到现在还没还，也不提这件事，儿子上学时就在这儿住了小半年，让一家三口实在是招架不住了。妻子听完心里老大不情愿，她必须拒绝这个电话中的请求，但还不能让三姑丢了面子。“三姑，鸡蛋你们家里留着吃吧，我们这儿买啥也方便。还有啊，我妹妹不也刚毕业嘛，也说好来我这儿了，家里地方不大，真是留不下了。要不都是自己家人，不差一双筷子。”三姑电话里听完，说：“哦，你妹妹也去了啊，那家里是住不下了。”

“可不是嘛，才两室一厅，她和童童还要挤一个房间……”话还没说完，三姑好像要开口的意思，妻子立刻补充道：“厅里还放着我囤的货，一点儿空间都没剩下。”接着又聊了点家长里短，电话就挂掉了，妻子长舒一口气，丈夫笑呵呵地递上一杯水：“辛苦了！”

现实生活中，谁家没几个烂亲戚？人不怕穷就怕脸皮太厚，没有节制地打扰别人的生活，还自不察觉，自己总是最麻木的那一个。那么现实中面临这样的情况不要过分迁就，这和善良、亲情浓与否毫无关系，你有健康的清爽的精神才有一切让小家、大家都好起来的可能。如果自己的生活都被搅扰得筋疲力尽，那必须果断拒绝对方，跳出这个怪圈。而当拒绝的理由不够充分时，可以用并无恶意的谎言来帮忙。

中秋节的时候，孩子们都从外地赶回家来过节，儿子和女儿两家人回来看爸妈，老爷子抱着孙子们乐得合不拢嘴，高兴地决定亲自做条鱼，老爷子有几个小嗜好：钓鱼、做鱼和看别人吃自己做的鱼。吃饭时，一条做工看似很细致的鲤鱼上了桌。

老爷子像个满怀期待的小孩子，一边让大家尝鱼一边问大伙味道咋样。姑爷说："爸，这鱼可真鲜!"儿子说："老李同志的厨艺不减当年，好吃好吃!"小孩子们刚要说话，女儿却抢先开了口："姥爷做的可真好吃呀!"……一家子人都在夸赞，老伴也笑呵呵地夹着鱼，小心翼翼地挑着鱼刺。没有一个人真实地说出，其实这条鱼没有放盐。自从老爷子有轻微的健忘症之后，他经常过会儿就忘几个小细节，可是家人们从来都是很开心地享受着他为家里做的一切。

世界上最伤人的是谎言，最能安慰人的也是谎言。因此有一些谎言带给人们的不仅是安慰，甚至是因为善意而有着最美丽的温情。老人这一家子儿孙满堂中流露出的善良飘向了整个屋子的角角落落。

【智慧屋】

善意的谎言逻辑关系越简单越好

一个谎言要用一百句话去弥补，是指谎言的逻辑关系，后续的弥补漏洞需要比谎言本身多上多倍的精力投入。所以在引用善意谎言的时候，尽量让这种谎言的逻辑关系越简单越好，避免连环扣。越是这样，后续的弥补工作越少，暴露出来的漏洞也就越少。

善意的谎言要真诚

要把谎言说得真实是一种能力，表情和肢体动作都要跟上。不要过于表演，"戏"过了反而突出这是戏，内容和表达上一定是具备上下文联系的紧密连贯，语调的表达平缓就好，不要过于戏剧化和语速过快。本身说的就是谎言，语速过快会带动紧张感。还有，最重要的就是眼神，绝大多数人在说谎的时候眼神会不自主地飘移，通常是以避开对方眼神为核心，这种飘移不定的眼神会泄露太多秘密。

善意的谎言要适可而止

虽然说谎言的终极目的是充满善意的，但是使用的概率却要越来越低。因为人们内心对待真话与谎言而产生的记忆力是不同的，大脑对待谎言的“保存期”是有限的，这样容易导致穿帮。所以，即便善意，也请慎用。

拒绝一个人是常事，却未必每一次都是因为不得已而拒，社交中更多的是情绪上的拒绝，因为人性内心的撕扯，不得不把一次本我的拒绝包装成不得已的拒绝，但这样做确实能够不伤及对方自尊心，在不丢面子的同时，还能保证以后的关系长久健康地发展。

生硬的话，柔软地说

如果明知沟通的内容注定会让人敏感而不快，你还不注意沟通的态度和语言，那就是情商不足了。任何人都希望时时刻刻受到柔软的对待，处于贴心的环境中，所以，越是生硬的话，我们越是要柔软地说。

几乎人人都会面临家庭关系的问题，你可能是纵横职场的大咖，却未必是处理家务事的智者。尤其是家庭中敏感关系的处理和拿捏，比如婆媳、继父母与继子、夫妻双方的家属，等等。很多在职场很强势的人回到家里面对家庭关系，想要化繁为简，就事议事，事、情分离，结果却吃了大亏。家里鸡飞狗跳不说，自己也实在是不想回去了。有朋友感叹处理家庭关系似乎比工作还要烧脑！

公婆是地地道道的农村人，人很实在，也十分善良，就是生活习惯和个人言谈与城里人不太一样。儿媳妇则出身北京，毕业于一本院校，带有天生的优越感。儿子有了自己的孩子，两人特意从农村进了首都。老人见了隔辈人总是格外亲切，婆婆在孙子的脸上亲得啵啵响，喜欢得不得了。可是儿媳妇看在眼里，实在是忍不住。她说："哎呀，你不要那么亲孩子的脸，医生都说了这样不好！得让他多睡觉！"老太太不好意思地拽着衣角咧着嘴笑得依然开心："好，好，听大夫的！"

在家陪产假的儿子看到这一幕，晚上趁老两口睡着后，和媳妇沟通：“我也出身农村，我妈带大的，这不照样长大了吗？咱有些听大夫的，有一些不用那么讲究，孩子他爹就是个农村人呢！”说着，丈夫照着儿子的脸蛋也亲了一口。可能是正在坐月子的女人都极为敏感，也可能是感觉刚刚生产过后丈夫就向着婆婆说话，总之这引起了妻子倾洪式的大发雷霆！这不仅没有缓和原有的关系，反而把老两口给吵醒了……第二天，老两口选择回了老家，原因是怕媳妇情绪不稳定坐不好月子。老太太临走时给媳妇留下了一万块钱，让她请个保姆，不要累到自己。

丈夫去送老两口了，他们虽然是农村人，舍不得孙子，但是不想让儿子为难，老太太没说什么，也没掉眼泪。但是儿媳妇自己在家，她也并不是要赶他们走的意思，就是从那一次拒绝婆婆亲孩子脸蛋开始，她的沟通方式就埋下了这次矛盾的导火索，她很后悔，内心也很焦虑。果然，丈夫回来后一言不发，默默地洗孩子换下来的衣服、默默地煲汤、默默地端茶倒水……总之，一切都是默默地……妻子抓狂地质问他，他仍旧淡淡地说：“我只是不想让你再动怒而已，没什么。”然后去了厨房，他关上厨房的门，开着窗，抽了一支烟……

明明是其乐融融的一家子，因为拒绝的方式不妥引发了不可估量的伤害，他们还不知道老两口在回去的九个小时的火车上，也是默默地……

一个半月后，儿媳妇出了月子，主动和丈夫沟通，把公公婆婆接过来住几天吧，上回没好好看看孩子。她主动给婆婆打电话：“妈，您和爸过来看看孩子吧，好像又长大了……”

好像是和一个半月之前的场景一样，老两口来到了北京，进了家门，老太太迫不及待地抱起孙子，但是没亲那一口。她憨憨地冲着儿媳妇笑了笑，儿媳妇心里一酸。接下来相处的日子里，公公吃饭的时候也会抱着孙子，只要他睁开眼睛的时候就逗个不停。公公从小吃饭爱“吧唧嘴”，儿媳妇亲切地笑着说：“爸，咱们吃饭嘴巴轻点出声，小孩子从小这习惯可重要了，为了您孙子，委屈您得改改习惯啦！”婆婆在旁边一听，说：“娟儿说得对，你小点声，干什么都粗手粗脚，对孙子影响不好！”

丈夫仍然没有说话，他拿着饭碗乐呵呵地看着，这一次他是发自内心的笑，因为他看到了自己憧憬的画面。

同样是一件事，就是拒绝，但是第一次妻子的表达像是个人情绪，让公婆误以为是儿媳妇嫌弃他们，让丈夫以为妻子容不下自己的农村父母，一个生硬的拒绝对一个家庭的伤害可以说是无死角！但是第二次，妻子虽然也在拒绝，却是强调“一切为了孩子好”的出发点，态度上也缓和了不少，这让老两口很容易接受，哪怕还有一点点不舒服，可是一想都是为了孙子好，也是心甘情愿的。如此看来，在家庭中拒绝某个人做某件事时，一定要以这个共同的家和共同关怀的核心为出发点，要淡化个体的感受，话里话外都要放下“我不想”。

【智慧屋】

家庭中的拒绝要引起你自己的重视

有很多人以为，在外面应酬人际关系已经很累了，回到家要放松自我，一切都不需要修饰，想就是想，不想当然可以说不想。但是，放松和尊重并不冲突，更不是一回事。越亲近的人越需要给予重视，因为人性使然，太容易产生“熟悉的地方没有风景”的误区，你以为这件小事这么样说完就算了，可是你的家人在受伤，导致的连锁反应也必然波及你自己。所以，在家庭中的拒绝更要衡量好理由和沟通的方式。出发点围绕大家，淡化自我。

越是亲近的人，越要将拒绝融入自然的聊天中

最好不要把拒绝的话正式地说出来，更不需要挑一个所谓的正式时机。最好的方式就是在你们的聊天中把话说出来，用幽默的、商量的、探讨的口吻都能事半功倍，对方好接受，自己也少费心思，家庭氛围也越来越和谐。

擅用幽默的亲和力续温家庭氛围

如果有第三人在场，面对拒绝主题的沟通，过程中要充分展现亲和力以及幽默感，让对方不感觉到尴尬，自己也表达得自然。开个小玩笑或者自己多笑一笑都能缓和对方的紧张感，降低自尊心的敏感度。同时家庭氛围也并没有因为这种拒绝而有所被破坏，反而被续温。

拒绝这件事，无论对内还是对外都是一项技术活儿。曾经有很多人错以为在家、在最亲近的人面前坦诚拒绝的心理和方式才是不让双方疲惫的，可这不等同于肆无忌惮，要更加尊重和爱护家人。你有多顾及同事和朋友，就要加倍地顾及和保护家人。

越是不可逆转的结果，越要温柔以待

如果说家庭关系中，有什么是不可逆转的事情，那可能就是两个人的感情了。因为万事只要是看见的、摸得着的物质部分，即便是破损或者发生了意外，也可以得到修补重归完整，但是人性中有一部分最为“矫情”的东西，叫作感情，叫作心。有太多的名人名流败在所谓感情上，一生心血毁于一旦，或者从此意志消沉，抑或是在最在意的人面前，失掉了最后的自尊，再也没重来的机会。

怀孕的妻子在发现了丈夫出轨之后，放肆飙泪，几乎以嚎叫的方式才能吼出对这种致命背叛的抗衡，但是宣泄这一切的时候，是她一个人在家。她知道事情到了这个地步，没有给她任何可挽回的机会，甚至她报以原谅都是多余的，所以她没有像以往一样，受了委屈选择小鸟一样等丈夫回来一头扎进他的怀里，呜咽呜咽地哭泣。

平时听多了离婚时候的狗血剧情，分财产、抢孩子、搬东西甚至不惜闹到法院，而她此刻很累，5 个月的身孕和遭受最亲密的人的背叛似乎将她的精神核心抽干。终于明白那些还会哭着打闹的人，可能多数还是不甘心、不忍心、不肯放心，所以还想博一博最后的结局是否还有逆转，但她此刻并不是这样的心思了，站在洗漱台前，她认真地涂抹脸上每一寸皮肤，化了淡淡的妆，从衣柜里拿出了自己喜欢的蓝色 A 字长裙，站在镜子前的她还是那么光彩夺目。然后拿出手机，给丈夫发微信：“回家一趟，有事聊。”

凭着多年相处的经验，丈夫已经从妻子的表现中读出有大事发生，但是当一切摊牌之后，他还是被眼前这个女人惊到了，她没有狠甩耳光、大骂或者进行两败俱伤的拉锯战，而是淡定地问：“离婚后，未来孩子如何抚养?”很显然，当这个问题突然出现在眼前的时候，男人感觉到一种失去一切的痛楚。他很想跪在妻子面前乞求原谅，但是却怎么也跪不下，此刻不是因为男儿膝下有黄金，而是从妻子看似平和的态度中读到了狠狠的拒绝。

妻子提出了离婚，当晚她就离开了家里，她说属于自己的东西她会来收拾搬走，然后拎着一只漂亮的行李箱离开了家，所有动作温柔而坚定。妻子拖着这只箱子不但没有显得笨重，反而多了几分优雅。

事情落幕之后，妻子身边所有的女性朋友都对她心生敬意，有多少人面对不可逆转的结局还在苦苦留恋，或者双方消耗成内伤，也依然等不到再度花开。妻子在明知结果不可逆转的最后展现得平静如水，令人动容，尽管她已经遍体鳞伤，但是她此刻是一位令人尊敬的、温柔的、坚强的女士，而不是一个发了疯失去理性的可悲女人，如果这注定是他们最后的分别，也别无遗憾，妻子已足够完美。

所以，当有一天你只能留下背影，那一定要是你这一生中最精彩的瞬间，它潇洒、平静而又风度翩翩...... 无论是在你的记忆里，还是他们的记忆里。

如今网络上打打麻将，玩玩扑克牌已经是司空见惯的事情了。虽然身为女人，小慧不爱红妆也不爱逛商场，她每天下班后的大部分时间都沉浸在了虚拟世界里。作为家人，丈夫尝试过与她沟通，希望她改变这种习惯，但都没有效果。小慧说这是她的乐趣所在，她的态度里丝毫没有传递出妥协或认可。就这样，小慧从虚拟的游戏世界慢慢走进了现实，她开始线下约朋友聚在麻将馆找乐，一来二去，今天输明天赢，周末早已经没有了二人世界，她的情绪也会随着游戏结果而变化莫测。丈夫看在眼里，终于按捺不住情绪，他和小慧就这个问题展开了认真的谈判，目标清晰明确，他想让小慧转移自己的注意力到家庭上来，照顾生活，经营两个人的感情，但是小慧说两者并不冲突，而且结婚5年，婚姻生活早已平淡如水。总之小慧并不愿意改掉自己沉浸娱乐的爱好，两人的沟通总是不欢而散，丈夫感觉又累又气。

一位正在学心理学的朋友知道了，为他着急，问这件事是否达到让他想和小慧离婚的程度。丈夫连连摇头：“那倒不至于，但是长此以往下去，两个人的感情有多少也不够挥霍的，总有走到尽头的一天。”可是小慧拒绝改正的态度确实让他十分头疼。朋友说：“既然不想，那尝试主动用温暖感召她。”正在举酒杯的丈夫眼里闪过一丝光亮......

两个人是在一场聚会中认识的，自由恋爱走在一起的人怎么能说不懂爱情，不爱浪漫呢？可是结婚这几年，两人的情人节从最初的音乐鲜花，满满惊喜，到如今的买百合嫌贵，看电影浪费，就连一起吃个饭都要挑团购，任何人都会觉得疲劳。小慧原本也是一个细腻的姑娘，可是在粗糙日子的磨砺下，她再难维系住那份情怀，面对每天回家沙发上的臭袜子，卫生间洗手池旁擦不完的水渍，她再难找到爱情令人心动的节奏，于是她开始自娱自乐，因为丈夫的关注点早已经从她的身上移到了生活中的琐事中，烟酒中，聚会中。

正打算出去组局的小慧收到丈夫发来的微信：“老婆，我在楼下等你。”小慧看了看时间，这个点丈夫确实也下班到家了，明明周末他更应该出去聚会的。小慧一边纳闷着一边下了楼，丈夫摇下车窗向小慧挥手，顺势从车窗里递出一束百合花：“赏个脸，一起吃个晚餐可好？”小慧被这突如其来的一幕愣了神儿，但是掩饰不住喜悦，接过花“责备”地说：“犯什么错误了吧，突然对我这么好！”然后自然地坐到副驾驶座位，两个人一起去吃了周末晚餐，而在这之前，小慧组局的朋友还在催促：三缺一，就差你了！丈夫约小慧到她喜欢的餐厅吃了牛排，然后一起看了场电影，小慧戴着 3D 眼镜直闭眼睛，一边往丈夫肩膀上躲一边小心埋怨：“哪有恐怖片看 3D 效果的，这不挑战极限么！”那天他们过了一个并不空白的周末，丈夫没有出去聚会，小慧也没有出去组局。

从那以后，丈夫隔三岔五地叫小慧一起爬山、买菜，或者主动送些小礼物，就算小慧出去组局了，回到家，丈夫也会给她煮一碗面条，不再是冰冷的脸，回到家她总感觉是真的“回家了”。慢慢地，小慧体会到在家的感觉真好！她坐在麻将桌前，偶尔想到丈夫自己在家孤独地对着电视，或者手指上好看的戒指越看越有光泽，她开始对于回家有所期待，看到丈夫发来的微信感觉到心头一暖，这种感觉好像再次恋爱了。

小慧出去组局的次数越来越少，她更愿意待在家里和丈夫一起看看电影、做做美食，丈夫送了她一只小泰迪，于是遛狗成了她生活的另一部分，两个人下班后吃过饭，带着小家伙一起散步，生活一下子有了热乎气儿……

这个家庭关系中，丈夫曾经直白地表达过男人的权威，甚至不惜吵架和冷战，也没能挽回小慧沉迷娱乐组局的心，于是他改变策略，温柔而体贴地对待伴侣，从细节上为两个人的感情重新注入活力，越是之前的不可逆转，他越是温柔以待，而小慧则在这个过程中悄悄被改变了，面对冷漠她可以坚决地拒绝，但是面对温情她却十分心动，谁说，人不是情感动物呢？

每个家庭都要经历种种意见相左或是婚姻危机，在面对不可逆转的拒绝之后，还能够温柔以待，是一种能力，一种气度，甚至是可能改写局面的大智慧。

【智慧屋】

带着“柔情”去拒绝

无论是在婚姻里，还是爱情中，抑或是亲情、友情上的重创，都要为自己保留最后的自尊和自爱，转过头后的“溃不成军”是为自己的大漠人生中留守的一炷孤烟，够悲怆却不悲惨可怜，你用最后的温柔和潇洒同意了“拒绝”逆转和挽回，一颦一笑都重如千斤！

越是不舍越要微笑地拒绝

面对无法挽回的结局，接受是你唯一的出路，那么将最伤心最溃败的一面留给自己，展现给对方的始终都是微笑和平静，这不并难为自己。真正将你放在心间的人不会让你自己受伤，而让你如此受伤的人，哪怕是你深爱情重的人，也不值得你为此泪流满面，你要留下一张美丽的脸。

坚挺的背影就是满分的拒绝

这个世界给人的残酷足够多，那么有多少次惨败就有多少次精彩。

越是不可逆的结局，越是首先要宽恕自己从中走出来，平静地接纳今天的溃败，心有蓝天，就会有彩虹再现。一丝一毫的软弱都不必有，因为理性的你不允许自己有。

PART 6

无声武器：
肢体语言在“NO”中的秘密

倾听是了解对方的重要途径，倾听和聆听的概念也有本质的不同，它要求人们在听取对方话语的时候给出的反应更多，必要的参与、意见，眼神和表情反应等，是一个多元组织的结合体。要在无声中传递出：我在听，听得懂、赞同和拒绝、感同身受和理解，等等。

倾听表达中的“眉目传情”

无论你是同意还是拒绝对方的请求，听对方把诉求说完都是最基本的礼貌。而倾听的过程可不仅仅是不说话就可以了。在日常的工作和生活中，有些人就特别受欢迎，无论是同事、朋友还是家人都愿意把他当作知心人，有什么问题找他沟通一下或者倾诉一下就会好很多。甚至你的心中也有这样的人，当你有什么烦恼，第一时间就是想找这个人倾诉，即使他不能为你解决实质性的问题。那么不妨细心留意一下，当你在倾诉的过程中，他的反应，一定不只是“听”这么简单。而是符合了“倾听”的标准。

倾听，“百度”解释起来很简洁：认真地听取。但是如何能表现得是在认真地听取呢？那就是你的肢体语言要跟上，以传递一种尊重和明确收到的信号。

刘经理有一个“不够好”的习惯，那就是只要他在接待客户或者是有重要的应酬时，除非很重要的人和事，否则他是会暂时性失联的。因为他的手机会调到静音的状态，而且接待或应酬的过程中他很少摆弄手机。

面对大家的抱怨，他说这是最基本的礼貌，你见了一个朋友，正在和他倾诉烦忧，结果他在一边玩微信，一边抬头看你，那你还想说吗？

是不是不但没有了倾诉的欲望，反而觉得对方不够重视自己，甚至觉得缺少礼貌，以后都不想说了。

于是大家一边在“抱怨”他能不能多看看手机，一边还很为他的行为举止点赞。显然，刘经理是一位顾及对方感受的人，所以他在任售后部的客服经理时，对下属的要求是，带给人最舒服的感觉是最基本的礼仪。

同样地，公司行政部原是打理日常杂务的部门，可是行政部经理却是公司众所周知的知心姐姐，谁有点什么烦恼，工作上的还是生活上的，都愿意和行政部经理说上几句，可她并不是万能的，甚至不能给出什么意见，可仍然有那么多人愿意和她沟通。其中就是因为在倾听对方的过程中，行政部经理一直都十分认真，偶尔会参与到主题中去发表一下自己的意见，偶尔点点头表示对方说的自己也很赞同，也会被对方带动微笑或难过。她成功地换位思考，感同身受，每一个和她倾诉过的人都感觉压力和烦扰少了一半，即便事情没有从实质得到解决，精神上却充了一格电。

这就像东野圭吾的小说《解忧杂货店》一样，杂货店的爷爷真的是上知天文下知地理的神仙吗？显然不是，可是他那样认真倾听和回信的态度感染了无助的人们，大家愿意把最隐私的事情写信给爷爷看，愿意听他的建议。这是一种精神指引，心理补养。

现在有不少的写字楼里都贴着：推销禁止入内！

做推销的年轻男女确实有一股好精神，不论你是不是反感，他都想把话说完，都想给你做试用，即使你已经很明确地拒绝了，他还是十分执着！所以令不少人反感，甚至在办公室门口贴上这样的公告。

这是一个夏天的午后，董事长的午睡时间刚刚结束，很巧的是办公室的门被推销的小伙子敲响了，董事长允许他走了进来。小伙子貌似有点不识趣，或者是太过沉静，他推销起了显示器洁净剂：“老板您好，这个显示器洁净剂是50mL……”董事长很认真地听着他的推销，具体表现在他偶尔的点头，以及对小伙子的口才投去的赞许的目光。正值此时，董事长秘书听闻赶紧走进来：“不好意思，请您有什么事情和我沟通，谢谢。”她示意这个小伙子随她离开，董事长同时起身一边对小伙子点头一边去饮水机接了杯水：“好，我听清楚了，具体需求你可以和我们的工作人员沟通。”董事长像是一个长者，脸上挂着很亲和的微笑。这短短3分钟的接待和拒绝发生得如此自然，一点都没有令小伙子感觉到尴尬，反而是秘书十分紧张，显然她是觉得没有为领导过滤好拜访人员。

上文中的董事长在了解到小伙子目的的第一时间，可以直接拒绝，但是他选择了倾听，倾听过程中偶尔还会点头，甚至会对小伙子的勇敢以及表达能力给予眼神上的认可，证明他有细致听他的措辞并且观察他的表现。与此同时小伙子也就受到了暗示：至少眼前的这个人是认真在听的。到最后秘书走进来，董事长很自然而且礼貌地回绝了小伙子的推销。

被人拒绝无论如何都是不舒服的，我们只是在用各种方法将这种不适降到最低。一个人有质量地倾听完对方的诉求是基本的礼貌，也是难得的礼貌，这会让对方感觉你是在认真听取他的话并且有着细致的考量，最终才做出的决定。哪怕是拒绝，也是认真思考过的拒绝，是现实不得已而为之的拒绝，并不是主观情绪上的不想，这会让被拒绝的一方有极大的心理安慰。

【智慧屋】

倾听的过程有助于思索拒绝的理由

认真地听取对方的诉求，在这个过程中不打断对方，同时内心也确实要思量你该用什么理由回绝对方。如果理由稍显牵强，那么不如用我们前面所提到的，善意的谎言来帮忙。这个过程可以说是两相成全，既显示了对对方的尊重，又给了自己充分的时间。

面部表情和肢体语言助力倾听

适当地点头，是给对方一个信息：你正在听，并且完全了解他的意思，甚至你觉得他说得很有道理。在恰当的时机，比如对方提到的某个信息某个观点给予眼神一亮的认可或者竖一下大拇指，这都能极好地鼓励对方，使之愿意和你沟通。同时身体可以适当地偶尔有些自然的动作，避免长时间僵凝而使氛围过于严肃。比如如果是坐着，那么腿部可以适当有缓解疲劳的动作，或者偶尔喝口茶水，都能在小动作中营造沟通的氛围，以拉近彼此的距离。

拒绝时稍显歉意

在倾听完对方的诉求之后，表示收到、理解、认可，甚至可以适当重复对方的诉求，做出简单回顾，以让对方明白你已经充分了解，但是出于某种限制无奈不能给予对方帮助，没有办法只能拒绝。那么此时面部表情和肢体语言应该稍显歉意，比如微微皱眉、稍抿嘴唇、微笑点头等，都是传递轻微自责较合适的动作。

面对诉求，越是要拒绝越是要认真地完成倾听过程，越是决定拒绝越是要做好尊重的细致工作，包括眼神、表情、语言要统一，因为稍不留神就容易出现“纰漏”，这里指让被拒绝者敏感的任何细节，并非拒绝方主观的情绪。总之，认真完成一场倾听，认真拒绝一次请求，越是不能达到对方所愿，越是要照顾对方的情绪。而真正有质有量的顾虑从来都是不着声色的，潜移默化地让对方感觉到你的认真，感觉到自己被重视。记住，浮夸一露败所有。

微笑中丈量彼此的距离

笑容不仅能拉近彼此的距离，也可以拉开彼此的距离，它具有一种神奇的力量，控制着人心的冷暖远近。所以在社交中，这几乎成了人们不可缺少的帮手。

百度中搜索“笑”的方式，参考答案类别细致。具有代表性的有莞尔一笑、嫣然一笑、冷笑、嘲笑、憨笑、傻笑、窃笑、偷笑，还有微笑。虽然都是“笑”，但笑的不同方式所展现出来的意思却是千差万别。而其中关于“微笑”，嘴角上扬的度数也是大有讲究的，具体又可分为：①高位微笑（high smile）：微笑时显露100%的上前牙与部分牙龈；②中位微笑（median smile）：微笑时上前牙面积显露在75%～100%，少见牙龈；③低位微笑（low smile）：微笑时上前牙面积显露小于75%。不同的心情所展现出来的微笑都是不同的，不同的场合需要流露的微笑也是有区别的。

公司两个女生，一个三十几岁，一个二十四岁，两人在外貌上看不出太大的区别，尤其大龄女孩迎面走过来时，冲你嘴角上扬45度，嘴唇打开，微微露出一小排牙齿微笑时，像是春天里明媚的阳光，是公司公认的最美笑容。而那个只有二十四岁的女生，每次迎面走来也会略微抿嘴浅笑，但就是感觉有那么点高冷，略微充斥着职场的礼仪感，但具体说不清是哪里不对，就欠那么点感觉。可是了解的人都知道，其实两个人的性格恰恰相反。

如果你想给人第一印象是温暖而友善的，不妨将嘴唇笑得打开一些，明媚的温暖感在嘴唇和眼睛中是藏不住的，同时眼睛一定要有“意”传出去。让人觉得仍旧有高冷范儿，细探究起来是因为眼神没有跟着嘴角“笑”起来，这样即便嘴角上扬了，可是面部表情没有特别的变化。那位女孩就是因为“眼睛不会说话”，所以心底里的亲切感在流露中减了半。

而提到“微笑”，不得不联想到在世界上享有盛誉的达·芬奇的艺术作品——《蒙娜丽莎》。这幅作品呈现的是一位优雅的女人的画像，而作品的内存意蕴已被几个世纪的人们苦心钻研过，从艺术形象、表达手法甚至意蕴的传递，都有若干精妙的总结，但是，提到这幅画，世上无人不知无人不晓的是：蒙娜丽莎的“微笑”，浅浅淡淡，如梦似幻，甚至被称为“神秘的微笑”。因为人们至今无法弄清楚她微笑中传达的究竟是什么。

但是蒙娜丽莎式的微笑，让人只可远观不可亵玩。这种微笑丈量着一种你无法跨越的，令人捉摸不清的距离，她是在笑，高贵典雅。

而在职场谈判双方初见时，呈现这种微笑的较为多见，在平和的表象氛围下传递了一种格局和不可逾越的距离，此时的微笑就反而丈量了一种气场上的距离。所以笑中有尺度，笑中有学问。

在综艺节目《爸爸去哪儿》第五季中，有一位实习爸爸，这个大男孩有着清爽温暖的微笑，但重点是他要在节目中带的实习女儿——小山竹。试想一下，两个陌生人，要在一起搭档生活做父女，这对两个人都是挑战。

一路上，实习爸爸有点忐忑，这甚至远远大过了兴奋，他担心：小姑娘要是害羞，找妈妈怎么办？没有做过爸爸的他显然没经验。在节目组精心的热场游戏安排下，小女孩从幕后走出来，带着灿烂到秒杀当空骄阳的笑容，你从她的笑容中看得到她是开心的、喜欢实习爸爸的，也乐在其中。后来在采访中，实习爸爸说，当孩子走出来的一刹那，他还有点担心。但是看到她笑得那么天真和开心，他的心一下就化了，有了保护欲和责任感。

一个孩子的笑容，在无声中瞬间拉近了彼此的距离。那么在日常的工作、生活和交友中，如果你想拉近和对方的距离，这无疑是最好的捷径：真诚而开心地微笑！

【智慧屋】

笑不露齿中藏着一点小学问

所有的淑女式微笑，是笑不露齿。但是细分笑不露齿的微笑又有点文章，比如面无表情的笑不露齿，只能传递出“你好”的感觉，并不能从心里拉近距离；而如果配合飒爽一些的点头，则有了商业的基本礼仪感；笑不露齿加上稍抿嘴唇和低眉，则有了些许妩媚的味道，适用于男女朋友间；当笑不露齿加上灵动的眼神，则有了面朝大海、春暖花开的灿烂感觉，适用于职场之外的任何场合。

打开式的微笑让你魅力倍增

当你嘴角上扬，嘴唇微微打开露出4颗以上的牙齿，这时候的微笑，不论你眼神是否刻意灵动，感染力都是挡不住的。这种招牌式的微笑，记得露出的牙齿颗数就是你个人的品牌标志！

拒绝式的微笑要干脆干净

微笑不止用于人际关系的交融和拉近，有时应用到拒绝上反而别具力量。越是拒绝越是要礼貌地微笑，你越礼貌你们之间的距离就瞬间被拉得越远。所以有时不需要格外的语言，一个动作，一个微笑，就能从传递出的距离感中委婉地给予对方答案。这种微笑不宜过长保留在脸上，要干净而利落，也不宜过多过频繁。

一个小小的微笑，彼此距离是远是近，彼此关系是腻是疏，流露无遗。所以希尔顿大酒店，对待员工服务的最核心要求居然是：今天你微笑了吗？可见微笑的力量。而今天我们更细致地探讨了关于“微笑同样具备双面性”的问题，这恰恰印证了著名诗人施皮特勒的言论：“微笑是具有多重意义的语言。”

肢体语言释放出“拒绝”的信号

拒绝是一件身体力行的事儿，用语言传递拒绝也是最浅表的一种表达方式。那么如果将语言上的拒绝转化为肢体行动，不用开口就可以传递出拒绝的信号，并且可以随自己的心意调节拒绝的力度强弱，那就会免去很多不好开口的尴尬。

其实你想要表达的内容不仅仅只是通过语言才能表达，细心的人会发现我们在表达任何属性词汇的同时，都是身体力行的一件事。如果让我们的手脚和表情不做任何配合，想必这个时候你就会发现，肢体语言在表达中所占有的分量了。而在表达拒绝的时候，语言仅仅是传递了你所表达的基本意思，利用恰到好处的肢体语言不仅仅可以传递出拒绝的意思，反而可以使力量加倍。

张老师是一位县级中学初三的带班班主任，三十出头，勤劳能干，多次被学校评为优秀教师。正巧县内某高中调任优秀教师，该校主任来到这所中学，经过沟通想要调离张老师到高中任语文老师，至于带不带班可随本人意愿。校方找到刚上完课的张老师，说明了主任的来意，想要和张老师进一步探讨。

张老师从初一带这群孩子们一路到初三，眼看着就要中考，她心中期待班里有几个学生能考进重点高中，每天放学后的晚自习她都陪到最后。校长说：“张老师，舍不得现在的班是正常的，但人生的每一次选择也不是都有这个缘分的！”

张老师点点头，十分感谢校长的举荐和高校主任的来意，她站起身来，没有任何多余的话，而是深深地鞠了一个90度的躬，然后主动伸出双手感谢主任，她说：“谢谢领导的赏识，我现在确实离不开！”而其实，从她起身鞠躬时，已经向主任传递了有力的拒绝信号，校方领导也明白了张老师的意思。这一个肢体动作胜过千言万言的感恩和拒绝，随后张老师又匆匆去上课了……

上文中关于工作的调动，是一件严肃的事情，而且是一件利于张老师本人未来发展的好事。这个拒绝的决定需要勇气，更加需要足够的考量和充分的重视。而她本人一个90度的深鞠躬胜过所有感谢的千言万语，传递给校长和主任她的重视，并且表明知道这对于她本人意味着什么，这是一次机会她非常清楚，这份感激的信息传递得淋漓尽致。同时，这个90度的深鞠躬还有另一层的含意，就是慎重而坚决的拒绝，她的90度鞠躬有多标准，拒绝的力量就有多强。所以没有太多助力性的话语，校长和主任就都领略了她的意思。这个简单的肢体动作蕴藏了太多内容，相比起所有感激和拒绝的理由，更有分量。

在许多年前的热播电视剧《潜伏》中，由孙红雷饰演的余则成和姚晨饰演的翠萍，在战乱中最后一次相见时，他们隔着战火万般激动，翠萍多想跑过去和余则成深深相拥，但是形势所迫万万不能。余则成看到翠萍安然无恙，革命成功也是黎明破晓的态势，心中豁然开朗，充满感恩。可是他就那样远远地望着翠萍，看着她按捺着自己激动的心轻轻地摇着头，面带极轻微的笑容，只有两人懂，可这轻轻的动作却有万斤力量。

那是革命即将成功的喜悦，那是爱人重逢却不得相认的悲怆，那是对未来未知的一种道别，他们不得不拒绝相拥相认。

【智慧屋】

肢体语言优先传递拒绝信号

很多时候你在听对方的诉求时，就已经决定要拒绝对方了。听对方说完固然是礼貌，但是你全程的肢体语言和面部表情在语言之前就会无形中传递给对方一种态度，从而让对方内心有一个基本的判断。那么为了不让对方被错误地引导，也让对方有一个心理准备，肢体语言可以优先你的语言传递出一些拒绝的信号，比如适当点头表达倾听，但偶尔摇头表达无法完成，或者稍显自责让对方意会。

在面部表情中释放出你们关系的远近

倾听对方诉求的同时，如果你确实能满足，那么流露出的面部表情可以是随意的、微笑的、偶尔被带动大笑的，都可以，总之在这种随意中就显露了亲近感。但如果是拒绝的，就要注意越正式越好，不见得严肃，但是却不能过于随心所欲，有仪式感的点头和微笑都能够很好地传递出拒绝的信号。

先扬后抑的表达方式释放出拒绝的前奏

这虽然并不新鲜，但确实像一个公式一样好用。越是拒绝对方，越是要在回应之初给予认可和心情上的理解，通常在铺垫的过程中，对方就已经收到了信号，也会有足够的心理准备。同时这个铺垫意味着你的后续必须要带一点自责的表现，以减缓对方心理上的失落。

自我否定式拒绝对方

没有帮到对方的自责感要重点流露，但不要停留在语言上。这样显得过于花哨，难免给对方留下不实在的印象，可以在面部表情、语言语气上，未开口却先流露出自责的意思，具体方式因人的习惯而异，各有不同。

擅用肢体力量助力语言，往往是事半功倍的。尤其是在拒绝或其他冷色调的表达上，未必一定要话说到位，有的时候一个动作一个表情，对方就可以心领神会，此时也就不必要重点在语言上过多推敲，反而可以给对方留有一定的自尊心上的修复空间。你表现得越自然越清晰越明朗，对方的失落感则越低。所以，一次有效的拒绝中，也可以蕴藏着未来关系的萌芽。

拒绝的不同阶段，要有不同的动作和表情

虽然拒绝是一件冰冷的事，但是在翻这本书籍的人却都是善良的人，因为你觉得拒绝是一件难以启齿的事情，相比起拒绝别人，似乎别人拒绝自己来得更容易。

很多人感慨，拒绝这件事真是学问大。明明自己内心不愿意，还要照顾对方的情面和自尊，把拒绝说得得体，把理由想得充分，真的很累。确实是这样的，曾记得某招聘网站的公众号上推送过一篇文章，主题大概是：你的员工想要离职，却还要找理由让你舒服一些。但是人性使然，今天，你是拒绝的那个人，明天你可能就是被拒绝的那个人，工作和生活无时无刻不被两者充斥，让对方能舒服一点地接受拒绝几乎成了一种社交礼仪。

在电影《猩球崛起》第一部中，小猩猩凯撒自幼在主人身边长大，像普通的小宠物一样，胆小、调皮、依赖主人。但是当它一次误闯入邻居家并且引起邻居愤怒之后，无奈主人和小凯撒分离，它被送到了看护所。可是主人被蒙骗，小凯撒在看守所并没有得到良好的教育和照顾，它拒绝待在冰冷的看守所，拒绝被看守员无情地对待。

主人来看望它的第一次，小凯撒兴奋不已，像个小孩子一样高兴和吵闹着抗议，拒绝待在这里，它想让主人带它回家，可是主人离开了。

主人来看望它的第二次，小凯撒还是有所期待，但它不像第一次那样手舞足蹈，而是默默地看着主人，它仍旧拒绝待在这里，可是主人再次离开了。

主人来看望它的第三次，小凯撒已经不再主动跑过来，先前它用各种抗议的行为拒绝着待在看守所，现在它用沉默拒绝了主人。

而最后当小凯撒历尽无情的对待却成为猩猿界的首领时，它和人类产生了对峙，它的主人和它再次重逢在森林里，它已经成长得高大威猛，主人感觉到不可思议但仍旧对它温柔，主人希望它跟他回去。但是凯撒没有兴奋、没有悲伤、没有失落也没有当初的绝望，它十分沉着地用人类的语言发出了声音：“NO!”

尽管这是一部电影，尽管主角并非人类，但是在剧中具备人类智慧的小凯撒遭遇到自己并不喜欢的待遇时，它选择过拒绝，可是随着这种抗议并不生效，它选择越来越沉默越来越坚定，它的表达欲望不再像当初那般强烈，也不再像当初那般渴求主人的理解和怀抱。同理到人类，我们在拒绝一件事情的过程中，如果停留在第一阶段的拒绝，更多是一种发自内心的本能反应；如果晋升到第二阶段的拒绝，则有些坚持的意味了；再然后则会由拒绝的态度发展到一种无形抗衡的较量。只不过人们对这一切要求得更高，要在顾虑对方的感受下，尽量不动声色地完成。

小宣遇到了一位追求自己的男士。

“这有什么好稀奇？”姐姐一边煲着汤一边说道。可是小宣继续说：“他和别人不一样，特别难缠，我都已经拒绝他了，告诉他我现在并不想谈恋爱。”姐姐看看她继续问：“那第二次你是怎么说的？”

“第二次我说，我们两个不合适。”

“第三次我说，我其实并不喜欢你。”

姐姐点点头：“这个逻辑顺序是没错的。”

最后一次，小宣对他说：“我刚交了男朋友了。”然后一个干净利落的抱歉式微笑后立马转身。

从小宣的第一次满面微笑和善解人意，到第二次的相对理性，不留余地，到第三次的有点冷漠，不可逆转，到最后的淡淡的严肃，这是一个循序渐进的变化过程。面对每一次不同阶段的拒绝，她都分别逐渐加深了拒绝的力度，也必然从中加重了给对方带来的伤害，但却是迫不得已。

【智慧屋】

越是初期拒绝越是和颜悦色

拒绝本身就是个冷色调的词汇，不论我们如何修饰都掩盖不了拒绝的本质。但是越是初期的拒绝越是要和颜悦色。流露出有温度的微笑，适当点头示意以增加亲和力，邀茶共饮以减缓对方的紧张感，这都是拒绝初期的基本礼仪。

拒绝次数的逐渐攀升说明必须拉开距离

如果在一件事上因为对方的态度需要反复拒绝，强调原因也无果时，就请你用肢体语言和面部表情等配合拉开距离。首先彼此的距离控制在1米开外，如果是之前就落座沙发，可以将前倾的身体向后拉开距离，面部表情上注意由亲和演变成客气。“客气”是一种最安全的距离，它让不熟悉的人可以适当拉近一点点距离，特别熟的人之间又多了一丝公事化。

不同的拒绝阶段要有不同的笑容

亲和力极强的大微笑，适合在倾听过程中以及拒绝的初期，也可伴有歉意式的微笑和点头；正式的微笑适用于拒绝的二次晋升期，偶尔可伴有陪伴式的笑容，如在幽默中重申拒绝；间断的微笑适用于拒绝的后期。经过反复拒绝仍然不果时，就可以偶尔流露出这种点式微笑，但不拖延，更不应该有态度上的粘连。

声音也是肢体语言的一部分

音色音质虽然无法改变，但是音调相关的态度表达却是十分关键。比如在面对一个诉求时我们需要拒绝，常常会伴有歉意式的微笑和点头，还有部分语言，此时都是轻声细语，或者是幽默中流露出一分自责，以传递给对方足够的亲和力，降低对方心中被拒绝后的失落感。但如果晋升为多次拒绝的时候，语调不带任何情感色彩，或者正式腔浓一些，干净利落不带情绪，就能把彼此的距离大大地拉开。

在拒绝的不同阶段，会有不同的肢体动作和表情，甚至要加上声音的配合，才能达到最佳效果。

短暂拒绝要热情，长久拒绝要尊重

如果只是拒事不拒人，则要分外顾及对方感受，为来日方长做好情感修复和铺垫；如果是想彻底拒人不论事，则要格外尊重以便拉开距离，为逐渐冷却的关系做好预设冷处理的过渡。

“拒绝”成了我们日常经历中无法避免的课题。然而行走在社会的大环境中，再独立的个体也难免有各种交织，毫不顾及的拒绝怕是只能悦己伤人，并不见得明智，所以，越来越多的关于如何有效拒绝的探讨出现在我们的思索中。

在拒绝中有多种分类，那么我们这里姑且把拒绝分为“短暂性拒绝”和“长久性拒绝”。如何区分也很简单，一种是你内心只是想当前拒绝这个人的这件事，并不是不想和这个人来往，也就是说以后的关系还是要维护；还有一种就是你内心中对这个人因为某些原因是抗拒的，以至于他所提出的任何事情你都并非焦点关注。

在电视剧《芈月传》中，当芈月秦国的夫君秦惠文王病逝后，她被派往燕国携子做质子，一路历经苦难风霜，自从入秦国后，她便再也没有受过这样的苦楚。但是她坚韧倔强的性格让她不屈服于眼前的苦难，正当她带着儿子和心腹几乎走投无路之际，她遇到了此生的初恋情人黄歇，谦谦君子，满腹经纶。青梅竹马的黄歇在秦国时就已周转找到过月儿一次，他不顾她已为秦王之人，一心想带她走，但在约定之日已经黄昏日落，也没有等来佳人的影子，他伤心欲绝黯然离去。今天，两人再次相见，已今非昔比，他却更加执着于带着芈月回到楚国。芈月又一次被深深打动，心中已有了决定。就在此时，秦国要臣庸芮冲出内乱舍命奔波相见，恳求芈月遵秦王先遗诏，回秦救国……

这是一个安静的清晨，芈月一行人收拾好行李，黄歇和庸芮都在门外切切地等候。芈月伫立片刻，径自走到黄歇面前，每一步都铿锵有力，她眼神中透露着坚定的忧伤，弥漫在这个早上微微折射出的晨光中。

她亏欠于他，也毕生拒绝于他。她拒绝的话不多，却处处流露着情深义重，也有坚韧决绝！

【智慧屋】

拒绝要格外关怀人心

如果我们的拒绝真的是因为这件事，但并不影响和当事人的未来交织，那么一定要用行动去强调：对事不对人！越是拒绝了对方的这件事，越是要通过强调重视对方的人来挽回对方的失落感。比如眼前的热情，可以体现在话语安慰上，短暂时间的陪伴上，其他方法补充上；比如长久的关怀，可以体现在日常的关怀，关注事情持续发展的动态，思想上的陪伴和倾听，等等。

拒绝人要格外“尊重”人心

所谓拒绝人也就是长久拒绝了。不想或不能再和当事人有交织，都可以列为长久拒绝的范畴。那么这里的格外尊重有两层意思：第一层，最直接而浅显的本意，用格外的尊重制造出一定的距离，从而让对方能有所体会，不至于自尊心上无法接受，也是给拒绝的人一个勇气的助力；第二层意思则是表达充满遗憾和不舍的格外尊重，通常是因为外力而不得已为之，通过格外的尊重能加倍传递对方在自己心中的分量，从而让拒绝的结果具有些许悲壮豪气又细心入微。这样的拒绝因为拒绝力的加倍反而加深了彼此在对方心中的分量。

拒绝要充分体现在言谈举止上

拒绝中体现的短暂热情也好，格外尊重也罢，要充分落实在言谈举止上才可以说有了传递的桥梁。

拒绝既然是日常生活中不可避免的课题，那么如何得体地拒绝就成了一项永无止境的修炼。首先明确自己对待当前拒绝类型的划分，干脆利落地定位后，投入到一次高品质高情商的拒绝中，其实于人于己从某种意义来说也都是一种善念。

PART 7

缓冲式关怀：
每一次拒绝之后都要以余温慰人

曾有几多时，拒绝他人后，自己被一种不安萦绕，不免猜测对方的心情、事情进展和结局，那么就不妨主动送出温暖去关怀对方。你会发现彼此心中那层如纸般的隔阂可以十分轻易地就被瓦解。

该拒绝就拒绝，该关切就关切

在日常的工作和生活中，随处可见的“拒绝”其实并没有被人们准确定位。人们之所以面对“拒绝别人”都很为难就是因为，还想要和被拒绝的人建立长期的友善关系，既然如此，拒绝就不是一件点式事件，可以是一个单点行为。但在此强调，只有你想要长期维护的关系才用得到这一步，否则一旦拒绝就干脆利落，以免自己后续的关切被误会成拖泥带水。

文员华华被选为职工代表参与集团组织的内部文采演讲活动。她兴奋极了，但是在工作上表现很突出的她对于正式的演讲稿也没有十足的把握，结果她找到文宣部关系还不错的同事叶子，请求能不能帮她写一篇演讲稿。叶子听完她的请求后，特别为她高兴，说：“每个人的努力都会被发现的！但是华华，主管让本周末出完这期报纸，我这忙得焦头烂额的，稿子不够，交上来的还都太水了，正犯愁呢。你这稿子啊，我怕是有心无力了！”华华听了之后显然是失落的，但是对方这个理由又太过充分，她也只好无奈接受。两人告别后，华华回到了办公室，在网站上查起了相关的资料，东拼一段右凑一句，像是二万五千里长征只开了个头。

临近下班的时候，叶子找到华华一起坐班车，手里拿着一本书递给了她："这本书你参考着，里面都是企事业单位演讲稿的范文，篇篇经典，你看能不能用上？"虽然叶子没有亲自帮她撰写演讲稿，但是一个下午后，她还能想着这件事，并且还能借本实用资料给自己，华华落寞的心思又重新被温暖了。

而且这之后的每天上班，只要遇到，叶子都会问华华，稿子有没有再修，熟悉的程度如何，有没有脱稿的可能。她高度的关注增加了华华的荣誉感，并且通过这件事反而和叶子走得更近了。

其实，成功的拒绝也很可能是一段关系的开始，而后续的关怀就是桥梁。虽然在一件事情上做了点式拒绝，但后续可以围绕着这件事抛出很多关怀，让对方收到，虽然是拒绝也是出于某些特别原因，但是关注度和关怀的心情是只增未减的，并且付出了实际的行动和时间来证明，彻底缓解了拒绝对方后的尴尬和失落感。

公司年底评选优秀员工，中层领导不能参与，只有基层员工才能评选。每个中层干部都希望自己部门的人员能够脱颖而出。经过层层选拔名单最终出来了，在公布前要按程序交给公司领导最终签字确认。名单落到副总这一环节的时候仓储部被画去了一个名单，因为这个人是副总自己的亲属，而且副总知道有个别条件他未曾满足，可能是部门经理碍于形势不好画掉。但是，这件事却被亲属知道了，他敲开副总办公室的门："哥，为啥我不能当优秀员工？"副总说："你全勤这一项我知道不合格，别人不好说，我能不知吗？"他的口吻十分严厉，亲属一时没有话说，但是十分懊恼，他狡辩着："那不是孩子病了吗！"

"但于工作来说确实不是全勤！"看到副总这副严肃的样子，亲属没再继续说下去，推开门回去了。

副总深知从工作的角度这个名额不能批，但是从亲属的角度他一定也是满心委屈。晚上下班时，他让妻子给亲属打了个电话，告诉他有时间来家里，把给他母亲的药拿回去。亲属来到自己家，妻子说正好赶上饭口，做了你爱吃的排骨。弟弟和大哥还没有太说话，公司的关系加上这层亲属关系，弟弟多少还是敬畏的，而且因为白天的事情心中还有怨气。嫂子忙着做饭，大哥在客厅看球，弟弟规矩地坐在茶几边，大哥忽然忍不住笑了："要说你啊，情商不高，在单位叫我大哥，在家里把我当领导，分不清主次！"嫂子往饭桌上端菜说："就你要求多！弟，你也别怪嫂子多说几句，你哥一心希望你成大器，把你带在身边，你就更得要严格要求自己。你做得越好，你哥脸上才越有光！他盼着你比他自己强都高兴！"弟弟看了大哥一眼，心里那点怨气也绷不住了："哥，你咋就对我那么严？"

"你嫂子刚给你说完答案你就问！你本身就是我亲属，我再对你要求不严，别人怎么看我？对你也不是好事啊，眼前那点利算是利吗，会让你以后吃亏的！我能害你吗？"大哥一边说着一边起身移到餐桌边："来来来，你嫂子特意做了你最爱吃的排骨，你吃好了继续气我！"弟弟忍不住不好意思地笑了，跟着入了座。

这一次职场的拒绝，用生活上的关怀扳回来了。哥哥似乎用不了其他方法，因为正如他所想：思想高度不一致，他能领略到的就是眼前的这些点滴，你给他画明天，告诉他翻过这座山丘就是一片春光，可他实在是等不及……他只能用这种生活上的关怀缓冲他的怨气，和彼此之间原本不该有的隔阂。

【智慧屋】

拒绝后给予语言上的关怀

如果确实因为不能帮到对方，但又想维护接下来的关系，至少做到见面不尴尬，那么给予语言上的关怀是十分必要的。下了班打个电话，询问一下相关事情的进度，安慰一下对方情绪。这些看似平淡无奇的语言，在一个真正需要帮忙的人耳里，是十分动听的。

拒绝后给予行动上的关怀

如果不能在对方诉求上给予最直接的帮助，那么在行动上可以多付出努力，以帮助对方渡过难关。这一点常常在你确实想帮助对方但真的心有余而力不足时，较为多见。所以格外地花心思和时间为对方做一些事，以弥补不能直接解决问题的遗憾。

拒绝后给予情感上的关怀

有了情感上的关系，传递出对对方的关心，哪怕真的无能力为，也会令对方心生安慰。比如间断性的电话关怀，关注事情的进展程度以及对方的心情，都能够很好地弥补拒绝之后带来的副作用，令对方的失落感逐渐消失。

但是拒绝你完成不了或者不擅长的事，本身就是天经地义。相反地，接受一件你无力应对的诉求才是自虐。

带着自责心拒绝，更能让对方“感同身受”

越是拒绝了对方，越是要稍显自责，同时要感谢对方理解自己。这一连串的动作会极大地打消对方被拒绝后的失落感。

其实我们之前已经提过，在拒绝对方的同时，流露出适度的自责于对方心理来讲是很大的安慰，这会让对方明白：你了解了他的想法，而且表示赞同，只是碍于其他原因没有办法，才不得不拒绝。所以即便是营造歉意也是基本的拒绝礼仪，还要感谢对方对自己爱莫能助的理解，以充分减缓对方心理的消极感，并为你们的后续关系穿上一层保护纱。

张言父亲的仗义在老家是出了名的，家乡里的孩子们都很崇拜他，用现在的话说像极了超人、蜘蛛侠，他是只要你有危险就会伸出援手的那种“英雄”。

家乡的年轻人，混得好的不好的，只要提起张叔都会竖起一个大拇指，那是一位“老英雄”！

同龄人对他的评价：“对哥们够义气！”

妻子对他的评价：“他只顾自己，从来不顾这个家！”

儿子张言对他的评价：“他所有的荣誉都是拿我和老妈的痛苦换来的！”人过不惑，父亲多少不再像年轻时候了，宁可出去借钱也要帮兄弟，宁可把家里的米都救济别人。这次，当年的小兄弟如今的小老头找到他："借三万块钱，儿子做生意，成本不够了。"然而，这次张言父亲拒绝了："老李，你是知道的，但凡能活动，我都会帮你，但这些年太对不住他们娘俩了，我真是心有余力不足了！"说着，他自责地低下头，抽起了烟。没想到老李见他这样子，反而安慰："你的为人我们太清楚了，这肯定是遇到难处了，我理解我理解，你千万别多想，等咱们都过去这个节骨眼，相互搀一把！"老张听到这话也很感谢，觉得能被理解，心里也没多么过不去的坎儿！这次之后的陆续几件事，老张拒绝了很多人，但是都没有让对方特别失望，第一源自他这个人多年打下的人品，第二源自他拒绝后给出的态度，让人们不忍再去逼迫一个有情有义的人。"英雄"也会老而已。张言说，他和老妈还过得去的日子，是从他老爸不做别人的"英雄"开始。

在上文案例中，张言老父亲是一个性情中人，拒绝别人对他来说很难很难，他内心深处最害怕的是看到大家对他的失望和不理解，但是当对方对自己理解，让他发自内心觉得拒绝并不是一件多难的事儿，他的"自虐"时代真的要过去了。

同事之间偶尔互相搭车是没问题的，但是如果每一天都如此未免让车主心生不满。毕竟每个人都会有私事要办，每个人都想要享有私人空间，一个人开车的路上哪怕只有一首好听的音乐，什么都不说，这种感觉也很好。可是大鹏每天下班都要等同事一起走，因为对方习惯了搭他的车，这种不自由的感觉实在很不爽。大鹏在车里拿起电话打给同事："程子，车带不了你了，我以后得天天去接我媳妇的弟弟，这段时间他住我这儿，接晚了没法和老婆交差。"同事在电话里连连说："好好好，那你快走吧，别耽误事。"挂掉电话后大鹏开车一路哼着小曲回到了家。可能因为对方坐自己的车太久了，冷不丁地拒绝对方自己也有点过意不去，他拿起微信："程子到家了吗，公交堵车吧？"那头回复个鬼脸："刚到，一路逛别有感觉啊！"开了几句玩笑后，大鹏觉得心里舒服多了，和同事在微信轻微自责了下："我这老婆家亲戚一来，自己地位直线下降，最近搭不了你怪不习惯的。"那头说："这算啥事啊！哪天出去整两杯！"男人之间的沟通就是这么简单，大鹏想要说的意思也传达到了，程子也是个明事理的人，反而安慰起了他。

现实中这样的例子特别多，不想自虐就要果断拒绝，想要维护和对方的关系或者比较在意这个人，那就在拒绝过后的沟通中，适度自责。通常人们的失落感和少许的怒气也就会烟消云散，依旧不依不饶的那都是自私的人，也不用遗憾。懂得理解和成全才是聪明人，而和聪明的人打交道，你不会累。

【智慧屋】

适度自责的"度"要和你的性格相匹配

我们这里所说的所有方法，实践到你身上，一定要和自己本身的性格、风格、为人处世的法则相融合，切不可生搬硬套。你明明是个善于交际、乐于沟通的人，偏偏要在自责的时候内敛深沉，搞得完全不像自己；你明明是个不擅言谈，清静安适的人，偏偏要在自责的时候喋喋不休，也会弄得别人不自在。所以，这个自责的"度"要根据自己的性格去匹配。

不忘感谢对方理解自己

在自责过后，通常紧随的语境应该是对方对你的安慰，这个过程的必要性在于，不只是缓解对方被拒绝后的心理落差，更是要在此时给对方扮演一个“强者”的机会。每个人在面对“弱者”的时候都不会有敌意，反而还可能给予你更多的关怀。所以要在此时给对方一个表现的机会，既能展现他的胸怀，又能给予“弱者”关爱。所以，感谢对方对自己的理解，这一步是两相成全，于人于己都有益无害。

如果缺少真诚任何后续都是多余

如果你以为一切都是在演戏，那么奉劝你放下剧本。这本书只是教你更加适度地处理人际关系，而不是虚伪满脸。告别自虐，但也要在手有余温时传递温暖，这才是一个人基本的素养。关于拒绝后的关怀和安慰都要发自内心地真诚表达。

做舒服的自己，做让别人舒服的伙伴，人与人的相处，真的没有那么多的别有洞天。

弥补：给对方一个惊喜，让关系自然回暖

无论是在工作中还是生活中，只要是拒绝，终归都不会带来什么好心情。所以拒绝者为了降低这种负面感受，避免波及以后的相处，一直都是绞尽脑汁。你在生活中也不乏扮演了双重角色，个中滋味别有体会。想维护好一段关系，除了给予后续精神情感的关注之外，实际行动总是来得更加实在。

夫妻俩结婚以来，丈夫一直都忙于公司的大小事情，因为公司初步成立，太多琐事都要亲力亲为，他第一次忘记妻子生日，两个人大吵了一架。那是在他刚刚开完会，回到家中已是九点多，妻子歇斯底里的质问中发生的。爱情变得如此之快让他大为不爽，一个生日没有过，两个人的冷战却开始了。但就在这个周末，妻子回到家后，推开房门后的惊喜令她愣住了神儿。

没有烛光晚餐，也不是补办生日 party，房间里是一只两个月大的棕红色的泰迪。一直以来妻子对宠物的喜爱简直难以言表，但是因为丈夫不同意又讲了很多大道理，两个人谈恋爱到结婚以来三年多的时间，他们都没有养过宠物，而这次，他送了她一只。妻子抱起小家伙，看得出来她喜欢得不得了，他很久没有看到她笑成这样。在冷战期丈夫用一只小狗作为惊喜送给了她，让彼此的感情瞬间回到了从前。

对方在你这里丢了一块糖，心生失落，那么再给他一块更甜的，对方的心理失落会得到弥补甚至会心生开怀，丢掉的那块糖远远比不过这个弥补的动作更甜。

不用害怕拒绝，但也别忘记在拒绝之后要别出心裁弥补，毕竟我们经营的是感情，而不是过于敏感的自尊。

春节福利，几乎是每个公司员工的谈资。采购部经理和副总外出工作，预借款只用了一半，临近年底，采购经理试探性地问："剩余的钱怎么办?"副总坐在车里正听新闻，然后说："还回财务去平账。"因为之前采购经理特意问副总，预借款借多少合适，副总担心采购过程中有其他需要就让他多借了一点，赶在这个节骨眼儿，让采购经理误会了。但显然，副总斩钉截铁地拒绝了他的暗示和误会。回到公司后，采购经理办好还款手续找副总签字，然后离开了，看得出他有失落感，毕竟这一年下来他的努力有目共睹。

副总和老板给大家申请年终福利，奖金人人有份。而他给采购经理准备的红包远远大于那天"公款"的余款，他找来采购经理坐在会议室，笑意满满地把红包递给他："新年快乐!"

采购经理一愣，但随后就是一笑，说："那天我误会您的意思了!"副总十分风趣地笑了起来："我懂，但是我要让你光明正大地拿到红包，而且是老板心甘情愿奖励的，这样才有分量，拿起来才开心!"采购经理深深点头。

这是一起典型的拒绝但给予补偿的案例，这种时候给予成了最有效的缓解尴尬、安抚失落的灵丹妙药，实际行动胜过千言万言。其实我们常常强调的拒绝后的缓冲关怀，无论是语言、行动还是物质关怀都是异曲同工，拒绝但给予，让对方失落的缺憾得到填充，在意外获得的惊喜中实现对当事人的安慰，同时让彼此的关系跨过所谓的低潮期。

【智慧屋】

拒绝后给予方案上的弥补

对方请求的是A方式，但是你拒绝了，结果在对方收到拒绝后心里产生失落感的时候，你拿出更行之有效的B方案，这是一种强而有效的弥补措施。令对方的惊喜感和温暖感爆棚，远远胜过之初请求成功带来的喜悦感。且要重点说明B方案的成功处以及优于A方案的特点，这种方式在职场、商场上应用较多。

弥补的惊喜要“足够惊喜”

这种“足够惊喜”就要因人而异，相对而言了，入得了心的就是有分量的。并不是每一次拒绝过后给对方的惊喜都是对这一次拒绝的弥补，这是两种性质，这里说的是对彼此情感温度的回暖。你们之间可能是伙伴、可能是家人、可能是搭档……总之是你珍视的关系，那么一种拒绝产生的情感缺失，可以用下一个惊喜来安慰。

让关系在自然中回暖

不要把上一次的拒绝和这一次的惊喜做一定的联系，更不要说明这一次的惊喜是为了弥补上一次拒绝带来的缺憾，让两者都很自然地发生。拒绝也是相当自然的，而这一次惊喜也是感情所致，并非连带关系。同时尽量避免提及这一次惊喜的作用，除非你是用作商业行为，彼此之间具有不可缺少的勾稽关系，否则不用把这次的效果刻意强调在语言上。

惊喜不必刻意制造

如果你恰巧翻到这一页，并且很用心地在看如何给被拒绝过的人一个惊喜，多半说明你上次的拒绝并非存心，而真的是迫不得已。关于弥补惊喜不必刻意制造，任何一种关系，都存在着必要的拒绝、不可避免的拒绝，如果每一次拒绝过后你都要刻意制造惊喜，这样的关系岂不是太累了。

拒绝，于常人之间是再平常不过的事，于交往甚好的人之间却是难以启齿的事，拒绝过后百般心思想弥补的事，终归是为了对方的情绪和彼此之间的关系不变。这是一个愚蠢又可爱的心理，理论上来讲在意得有点多余，感性上却又难逃世俗。

大智若愚的小小倾诉更能“攻克”对方

一个在生活和工作中永远强势的那个人，终有一天会自己累到崩溃，何不摘下面具偶尔示弱做个需要被温暖的人？你那么强，别人怎么知道你也有事办不了，你也有话无处说，你也有伤需要暖？

人性所趋，几乎每个人都发自心底地认为，自己的聪明胜过很多人。行走在社会的大环境中，不说众人皆醉我独醒，也是经历过风浪，看淡看清了俗事。这种心思不知不觉间成就了一颗强势的内心，不愿对外流露出一点弱。无论对于工作还是家庭，人人都想扮演无所不能的人，有指点山河的气魄能力！但是，行走江湖，不能免俗，当拒绝来临的时候，不论是施予者还是被施予者，都需要智慧。

你可以在拒绝对方过后，在极度自然的沟通环境中深度倾诉一下你的烦忧，带出你无能为力的原因，让对方因为了解而理解。假如没有这个过程，对方连原因都不知道，又怎么会真心地理解你呢？你的关系也许就此蒙尘也未可知。

炎是难得的幸福佳人，她的老公是外企高管，年薪7位数，而炎也有着自己独立的小生意，两个人的日子在外人来看，过的是风生水起。她自然浑身上下都散发着优越感和高级感。

好友小莹则有些相反，她和老公苦心经营加盟餐饮生意，最近遭遇品牌变故，这期间资金链断档，被迫停止经营。都是多年的姐妹，莹是一个自尊心极强的人，但是她和炎开了口借钱：11 万。令小莹没有想到的是，炎拒绝了她，确切地说，是十分为难地拒绝了她。小莹故作没什么，和炎说那没事，缓一缓，从亲戚那里凑凑也就够用了，还让她不要担心。但是小莹心里的结却解不开了，她不明白的有太多，可是再多的不明白也比不过她现在的失望，这让她后悔自己为什么要和炎开这个口，炎的拒绝相比起那没着落的 11 万更让她感觉到冷。

周末炎来店里看小莹，她正忙着和总部沟通事情解决的进度，然后冲了杯咖啡给炎，一起坐下来。炎问："怎么样，事情有进展吗？周末生意好不好？"

小莹看了看四周零星的客人："最近也没从总部调配料，有点断档，这都是老客户了，不讲究那么多的还继续来。可能还得一个月恢复正常。你最近怎么样？"她反问炎。

"上次你管我借钱，我没拿出来，你没想过原因吗？"

莹笑了笑，摇摇头："那想什么，都有周转不灵的时候嘛。"

"其实我和周正一直都是形式上的两口子，他无论赚了多少钱，和我都没有关系，也不会交给我，但是家里的正常开销他会负担。至于我的生意，你知道，全都压在货里，现金流紧张，没那么多，但是今天我拿来 4 万，你别嫌少，先用着。我下周再回款还能凑出来点……"

小莹看到平时叱咤风云的炎此刻像一只温顺的小猫，她不那么强悍的时候真的令人很有保护欲，她真的不知道平时走到哪里都是光芒万丈的炎原来实际的生活是这样的。她忽然有些自责自己这个朋友不够称职，人人都有光鲜的一面，与之反差的一面也没有人能逃得过，你有多幸福可能就有多痛苦，你有多平凡可能就有多温暖……

这个下午她们聊了很久，店里的生意老公在打点，最后小莹也没留那4万，送炎离开时，她说："以后常来聊聊天，要常晒晒阳光。"两个人告别后，小莹回到店里，看到炎刚才坐的椅子旁放着那4万块钱的手拎袋，不知道什么时候从炎的包里又回到了椅子旁，她没察觉……

上文真是一个温情的故事，我们看到越是强势的人，不论夫妻还是闺蜜，未必就能真正走进对方心里，你可能在生活上占有一定的存在感，却未必占有对方心中的存在感，但是当小小的倾诉后，因为了解而产生的感同身受，彼此就多了一分笃定的理解，相比起这4万块钱，小莹心里一定更感谢炎今天下午和她说的所有的话，这让她重新认识了自己，没让她险些丢掉自己。不论你是多聪明，性格有多"飒"，在一些人面前总要示个弱，示弱绝非等同于弱势，大家风范永远不忌小情怀袒露，越是心里有底的人越是将外在的"势"掌握得圆润，可有可无，若有也若无。

【智慧屋】

大智若愚考验的是胸怀

这个词的词性被理解为褒义，但其实很有争议。"大智"没什么疑虑，"愚"也无可厚非，可偏偏是个"若"字，有太多可圈可点之处，多少考验了一个人的"技"。所以大智若愚重点考验的应该是一个人的"胸怀"，不管你的"技"或好或烂，能以"愚"展现给对方，都是一种豁达和信任。所以，相比起技术，这更关乎人品，偶尔简单一些甚至傻一些没什么，恰恰体现了你虚怀若谷的品性。

信任对方，呈现真实的自己

很多强势的人，尤其是工作或生活上某些方面较为出色的人，多数碍于颜面并不愿展示过多的私人话题和自己的心思，往往想通过神秘感而和对方保持一定的距离，这类人极其敏感。但是假如能偶尔摘掉面具，反而会收获更多的惊喜。比如友情，比如下属对你的理解，比如同事对你的重新认识，等等。恰到好处的倾诉，不但不会为你减分，反而让对方觉得你呈现了一个真实的自己，看得见、摸得到的性格魅力就会自发地吸引性情相同的人。

让对方因了解而理解

其实拒绝也好，接受也罢，只有对方了解你，你给予的结果所产生的意义才会被放大。因为了解你的为人，你的情况，明明这件事无法办，你却也答应了，对方心里的感谢程度无形之中放大了两倍！因为对方对你的为人你的风格有所了解，所以这类的事情他都会尽量克制不去麻烦你。这种了解就像一层纱，翻开了你就知道接下来的路怎么走才是最正确的，否则雾蒙蒙的，每个人都有走错的可能，那么出现不必要的尴尬也就不是稀奇的事了。

一个真实的人强过技巧高超的人。现实中，每个人的感知能力因为情商和智商的差异而略有不同，因为三观的不同而产生巨大区别，但是终归喜欢“真”，大道至简是绝大多数人举双手赞成的。与其陷在技巧里，不如跳出来，真实地倾诉一次，也许会让自己收获更多。

打动他的心——用一种真诚的、持续性的关注

烟花再美，只是昙花一现，而拒绝再冷，冰冻终有时。你担心因为一次拒绝而伤透对方的心，其实只要持之以恒地真心关怀，都能暖得回。

俗话说：路遥知马力，日久见人心。但凡能坚持下来的人和事，多数品质都错不了。在人际交往中，因为相互所求而产生拒绝的情况比比皆是，有从此谈崩形同陌路的；有从此君子之交淡如水的；也有继续来往但心里盘算着小九九的；还有坦诚相对，直率地说：能就是能，不能就是不能的。还有一种，虽然这件事帮不到你，但持续性关注这件事动态的那个人……

霖霖在北京工作 4 年，一直都是和男朋友租房子住，从 600 元的地下室到 1200 元的小插间再到如今 3500 元的两居室，生活一直过得窘迫，所以想拥有一套自己的房子，哪怕是小一点，远一点，这成了她的梦想。

听朋友聊起燕郊一带商住两用的写字楼正在做预售，房价特别可观，霖霖心动了，可是算下来，50 平方米的房子，除去两个人手里的积蓄也还差上 8 万块，霖霖想到了身在老家的姐姐。

姐姐已经结婚多年，开有两个服装门市店，和姐姐借些钱周转成了

她实现购房梦的关键，可是令她没有想到的是，姐姐在电话里说："妹，能流动的钱都被你姐夫囤货了，现在确实是拿不出......"其实接下来姐姐在说些什么，霖霖已经没有在听了，她的心凉了半截，她没想到姐姐居然会拒绝自己，在她看来，这种限时的好事，亲人应该和她一样急迫，在关怀中慷慨解囊，可是姐姐的回应很显然不符合她的预期，这种发生在亲人之间的拒绝甚至比朋友间更让她心寒。

虽然没有求得姐姐的帮忙，事情也得到了解决，她如愿付了首付款，办好了一切手续等待房子交钥匙，可她内心与姐姐的隔阂却不言而喻，姐姐也明知道有可能产生这样的后果，却没有办法，于是尽量弥补。她几乎每隔几天就在微信上关切房子的进度怎样，比以前更加频繁地去看霖霖托付在老家的孩子，陪孩子做游戏，给孩子买零食，或者在老人忙不过来的时候去幼儿园接送孩子，这样一眨眼就到了年底。霖霖的心结并不在于姐姐没有将钱借给自己，是由此对亲情产生了质疑，但姐姐持续的关怀和对待孩子的用心，人人都看得到，过年吃团圆饭的时候，她看到自己的孩子那么黏着大姨，心头又渐渐暖起来，她相信姐姐的拒绝真的是因为周转不开，至少姐姐仍然是关爱自己的。

现实中我们在拒绝对方之后，如果还能对对方所遇到的烦忧去关注，多去沟通多去安慰，即便你真的没有从最实质的问题上给予帮助，也给了这个人精神上莫大的力量。不要吝啬你的关怀，不要动摇你的真诚，也不要觉得自己的关怀轻飘飘对方未必真的需要，只要你持之以恒，他都能收得到。亲人之间、朋友之间难免存在这样的时候，不得不做出拒绝，虽然明明知道也许会伤及感情，但只要依然给予真诚的、持续性的关注，总有一天能够暖得回一时寒冷的心。在拒绝面前，坚持自己的坚持，在拒绝之后，做从头至尾的守护者。

思思在某网站联系了一家拍摄孕妇写真的影楼，从宣传的页面来看，样片处理的效果还算不错，并且服务项目也很齐全，还特意强调没有隐形收费。思思留言后不到半小时就收到了商家的沟通电话，电话里是一位极具亲和力的女士，在听说思思有意带小宠物一起拍照后，她表示自己本身就特别喜欢小动物，可以额外单独赠送小宠物的一些照片，这让思思听起来很心动，于是交纳订金，约在本周末去拍摄。

自从20岁起，思思每年都会为自己拍一套写真留作纪念，所以对于拍摄影楼的印象形成了固有的标准，起码应该是某商业大厦里的摄影棚，更高端一点的则是摄影门店，内景布置丰富而有格调才行。然而这次却令思思大失所望，她带着宠物狗在老公的陪同下，七拐八绕地找到了这家摄影机构。这是一家坐落在商住两用大厦里的两室一厅，是一间私人工作室，从简单的布景和单一的工作人员来看，很显然没有达到高端工作室的条件，化妆师和接待员是一个人，摄影师和销售员是也是一个人，思思的心凉了半截，她当即提出想要退订的想法，但是那位极具亲和力的女士却拒绝了："所有的订单一旦预订就不能再退了，我们在后期处理上一定会让您满意的，另外小狗狗已经来了，它可能怕生，这里人不多，它应该很快就会找到好的拍摄状态的。"这位女士的笑容实在太有亲和力，思思看看怀里的宠物狗，又想想已经预交的订金，硬着头皮交了余下的尾款，但她并不对这次拍摄抱有美好的期待。

开始化妆了，工作人员操着熟练的手法在思思脸上描摹着，一边细细雕琢一边柔声地问："这样的眉形您还喜欢吗？口红我推荐您正红色，不过看您个人喜好，妆面也会因为不同的服装做修改的。”说话的小姑娘柔声细语，把思思心里的负面情绪熄灭了不少。一场化妆用时 90 分钟有余，看得出是用心了。

而摄影师，也就是那位极具亲和力的女士，在一边的摄影棚，对着思思的宠物狗逗趣：“宝贝儿，看这是什么？”她似乎把狗狗当成了小孩子，耐心地引导着。思思老公则在一旁偶尔打个下手，给宠物狗穿穿衣服，协助摆摆造型，化妆期间总共给宠物狗就拍了 92 张单片。思思看着不断变换的场景和自己的小宠物，突然觉得只要是给小狗拍得细致一些，心里也算认可了，想到这，内心的失望也减了大半了。

终于到自己的拍摄档了，在选择衣服的环节，思思提出了自己的想法，想要不同风格，但是摄影棚没有特别吻合的现成服装，于是摄影师临阵改造，满足了思思对于服装上的设想。摄影师在拍摄的过程中也极具亲和力，期间照顾思思是孕妇，还不断关怀思思要不要休息一下喝点水。整个拍摄过程持续了一个下午，思思的负面情绪在持续而真诚的友善服务中得到了彻底的安抚。

接下来的一个星期，她在家等影楼做后期处理，然后发片给自己确认，那位极具亲和力的姐姐联系她，每一次都要问思思最近身体怎样，在浅浅的关怀中发几张修好的样片，她说：“理解拍过照片后都想尽快看到自己美丽的样子的心情，所以修好几张就发了几张，先过过眼。”思思回复：“你们想得太周到了！”

整场服务结束后，店里希望得到思思的评价，她打开当时预订的页面，怎么也写不出最开始那种负面情绪，也淡忘了因为影楼拒绝退还订金而给自己带来的进退两难，影楼的服务实在是没得说，甚至让她倍感温暖。

绝大多数人的内心面对伤害可能极具防御和修复能力，但是面对温情却极容易溃败。

【智慧屋】

持续的意义在于让对方知道

世间少有默默无闻的持之以恒，因为不被人知道，就是一场独角戏，对方不知道，也就缺少打动对方的理由和契机。事实上，被拒绝的人对于你持续性地关注和关怀是极为渴望的，他希望通过这样的情况判定自己在你心目中有一席之地。所以，你的持续性关注要让对方知道，这本来就是一场善意的真情流露。

持续性的关注要落实到行动

具有一定频次和方式的关注才算是真的付出行动。尤其是你拒绝对方的诉求后，最好在两天左右的时间内有一定的关注，比如通过微信或电话主动询问事情进展的情况和结果，用语言给予适当的安慰即可，因为这种行动本身体现的关注就是最好的安慰。然而能让安慰真正走进人的心里，不能仅仅寄希望于这一次的关注，而是要通过一定频次之后才能被对方发自内心地认可。

你所认为的轻于鸿毛在需要帮助的人眼里却是重于泰山

有的人常常以为如果不能从实质上、根本上帮助对方解决问题，那么其他附加的一切都将毫无意义，比如偶尔的问候，比如侧面帮对方做一些其他的小事，以让他更好地专注在这一件事件上，等等。然而无数事实证明，在一个人需要帮助的时候，关怀在他心里所产生的影响和量也将是平常的两倍之多，因为人在这个时候的敏感超出常态，往往情绪上易受感染。所以，帮助别人别吝啬，也别难为情，更别以为别人不需要。

在拒绝一个人之后，除了送去另一种惊喜的弥补方法之外，持续性关注对方所带来的感动是最为长久的，而相比起惊喜的悸动，漫漫时光下的关注则是太难得。当然，与人相处，方法是表，情感于内，在时光最为珍贵的当下，还值得你持续关注的人，他被打动也确实是必然的结果，因为任何缘分都偏爱于执着而真心的人。

PART 8

卸下心灵枷锁：拒绝是你的权利，不是亏欠

拒绝他人是每个人的权利，你不需要背负巨大的心理负担，在日后面对对方时感到内疚。当一件事与自己三观不符，起码与自己心中所想有巨大差距时，勇敢地说“不”，果断地拒绝，才是最明智的解决问题之道。

拒绝聚焦：结束在“你以为”的记忆中发酵

人与人之间一旦掺杂了感情，很多事便不能用道理说话。

但是“你以为”的情绪都太具主观性，只有感性与理性结合是相对安全且保守的交际之道。

学校召开家长会，选中其中几个孩子的家长做《教子说》，也就是阐述自己的育儿观。郭阳的爸爸是一位企业老板，家庭条件向来不错，爸爸的一席《教子说》语惊四座。他说：“儿子，我想要告诉你，当你18岁成年的那天，你和我都将是独立的个体，我对你将不再有义务。但是因为你是我的儿子，我希望你走的路越顺越好、越美越好，我不会给你留下什么产业，也不会为了你委曲求全。因为咱俩的人生都是独立而且自主的，我希望你这一路都是被我欣赏，或者我们可以一起探讨，而不是我指导或者安排好的。我可以借鉴给你我的人生经验，但是我不会引导你按我的规划……”那天开完家长会，很多父亲来和郭阳爸爸探讨，并且留了联系方式，他一时间成了这次家长会的“大忙人”。但是儿子郭阳却并不开心。回家的路上，他坐在副驾驶一言不发，爸爸问他这是怎么了。他终于开口道出原因：“我以为我是你儿子，这事一辈子都不能变。哪曾想我18岁就得独自披荆斩棘了！”爸爸觉得他的理解听起来很有趣。“是我儿子这件事，一辈子都不会变。但是18岁独立闯江湖这件事很酷！不要过分在意你心里的‘你以为’，这种‘以为’通常要实践见真知！”今天已经身为外企销售老总的他回忆起这件事仍然觉得充满趣味。他说：“如今我的老父亲在广场抖空竹，我认为他年龄大了，为他着想不愿让他出去。他仍旧搬出‘你以为’的路子和我讲道理，所以他今年 78 了，还拥有‘绝对’的拒绝权和自由！”台下是一片掌声，而他的儿子坐在班级的第三排，满脸骄傲地看着爸爸，听着他讲爷爷的故事。

很多人都会活在“我以为”这种情绪中，然后情绪不断地发酵，似乎事情还没有开始，就要朝着预想的方向去，只要稍有偏差，都会觉得难以接受。你的“你以为”，未免先知太早，太独断。

由涂磊主持的一档情感调节类的综艺节目上，已患乳腺癌的妈妈和女儿之间的矛盾很深，妈妈觉得女儿不关心自己，在自己住院期间还要看书看手机，也不像邻床陪护的亲人那般细心地给自己捏肩捶腿，她感觉非常委屈。而当主持人问到女儿原因的时候，她说：“当时没有意识，妈妈也没有要求，我以为她不需要。”主持人很生气，把女儿批评了。这边妈妈更加委屈，说起女儿从小到大，她们两个几乎都是吵着过来的，她的大意是：我以为小孩子嘛，不好管教训一下就是了，没想到一吵就吵了二十几年！看得出母亲也是一个极为细腻而且相当敏感的人，她和女儿不像是母女，更像是拌嘴的邻里在各说各的理。在场的观众很安静，当然这是一档调节型的节目，结局固然是好的。

一个巴掌拍不响，任何情感关系出现了问题都很难说是一方的错，这对母女十分相像地活在了“我以为”的情绪里，受不了超出这个界线之外的拒绝，否则就感觉自己遇到的人错了。即便这个人是亲人，即便其中也很可能有自己的过失，但是处在情绪中的人却浑然不觉。

【智慧屋】

和“我以为”告别

不论你是何种身份，也无论你是何种角色，甚至从事何种项目，闭门造车是最大的忌讳。没有人天经地义或者就真的感同身受地和我们“同频共振”，所以第一步先要使自己从这种情绪中走出来。

天下本无事，庸人自扰之

很多人被拒绝之后就在想，是不是这个人对自己有意见所以不肯帮助我？我一直拿他当朋友，但他为什么要拒绝我？我们之间是从什么时候开始出现了问题？这种人彻彻底底地成了情绪的奴隶。还有拒绝了对方的人，在拒绝过后会想他会不会生我的气？以后不和我来往了怎么办？再见面我会有些不好意思……两者一样，这种情绪上的烦恼就像是弹簧一样，真的是你弱它就强，强大到影响了你的生活节奏和质量。然而其实在外人看来，你像是在照着镜子抓狂，别人根本看不懂，也看不到，因为天下本无事，唯你在自扰。

拒绝主观聚焦：最先解救的是自己

有太多的主观想象并非事实，但人们仍旧愿意沉浸在自己的感受中，用并不正确但十分坚定的一己之见强力排他，然而在这个过程中，对方是无感的。不要以为你以为的就是正确的，生活和工作都不是由单个个体完成的，你需要同事的配合，需要亲情的温暖，需要朋友的相伴……

拒绝迟疑：你不会拒绝是因为过于自尊和自卑

虽然不会拒绝的你有那么多美丽的外衣为你掩饰，但仍然不可回避的是你的过于自尊和自卑，活在自己营造的世界中却疲累到极致。其实这个世界上的人那么多，只有你自己过分在意了自己。

世间万事万物，有多少个人就有多少种性格，近几年来有个诞生于网络上的流行词，叫作“纠结”。意思是犹豫不决，优柔寡断。这一点也不稀奇，因为社会越来越不纯粹了，万象更新得太快，人们的思想刷新得太快，很难一针见血地做出判断。纠结的事情越来越多，买东西选哪个牌子？择偶的条件哪项在前哪项其次？面试的备选人员通知 A 还是通知 B？他找我办这个事情是不是有别的目的？我要不要拒绝？选什么理由好呢？……

“烧脑”这个词也诞生于网络，它和“纠结”真是好搭档。因为一“纠结”就会让大脑处于高速的运转模式，脑细胞不够用，因此疲惫不堪，“烧脑”这个词简直是太形象。

同学聚会这个事，是令人辛酸的事，也是令人兴奋的事。能见到当年一起抓过青蛙，一起逃过课，也可能一起干过坏事的玩伴，但是历经多年再相见，大家的事业发展步伐并不一致，以至于人总是凑不齐，因为总有一些人张罗，总有一些人退缩，还有一些人选择观望。张静拉开衣柜门和老公说："我都没有几件像样的衣服，这怎么去聚会？"老公一边打游戏一边抬头看了一眼："一柜子都是你的衣服！"张静回过头气急败坏地拿一件裙子砸在老公头上："结婚之前买的和你有什么关系！"一件小事也会惹得两个人闷闷不乐。张静没有找到心仪的衣服，拿起手机，找到班长的微信："老班长，聚会我的报名取消了吧，孩子没人带，你们好好聚吧，多照点照片发群里。"老班长是个幽默的人，一条微信"叮"一下飞过来："带娃儿来，很多人秀房秀车的，咱们秀娃儿，他们没有！来吧，大家都挺想你的。"张静被老班长的幽默逗笑了，心又活了，她纠结着去还是不去，穿什么，说什么，要是不去理由还要怎么说……

"你锅里炖着什么，好像都糊了！"老公突然来了一句。张静恍然一下回过神儿来，原来是给孩子煮奶瓶，水都烧干了，奶瓶也烫化了，两百来块没有了，她心疼又心焦……这场聚会直到当天夜里 12 点她也没有决定好是否要去，老公睡了，班长告诉她决定好了通知他一声。

这个纠结的女同学，按照这样的节奏，人到 40 岁头发就要掉三分之一，因为太烧脑！她没有坚决地拒绝班长，又没有强烈想要去的欲望，又没有动过念头买件得体的衣服，还在抱怨和老公的生活不如意，她究竟想要的是什么？

她的抓狂来自于她的自卑，而自卑又产自于过分的自尊。总希望在人前展现最好的一面，但是自身条件和心理又不够强大，所以示众的磁场总感觉哪儿漏了气，坐也不是站也不是，别人看她不会有任何异样，但她想着想着自己就会脸红。一个不懂拒绝的人，又不完全明确行动方向的人，内心多是彷徨和自怜自艾的，豁达而坦荡的人生态度，像空气一样急缺而重要。

大志是行业里颇具口碑的职业经理人，在辞职之后多家企业找到他，其中有一家他看中了，因为以前有过业务接触，面试见的是对方的老总，承诺的条件也非常好，常理来说第二天到岗就是了。可是回到家后，大志想起原来的老板，也是这个行业的，自己这么做是不是对不住他呢？毕竟是同行业，自己掌握着大量的公司信息，说不借鉴但大脑不受控啊！他拿出手提电脑给新公司老总发了拒绝的邮件，不料新公司老总大为赞赏，更加看好他，开出了更优厚的条件，这一开，大志又心动了。他想原来的企业老板如果知道他的顾虑也会劝他想开，并且不会介意，如此一来，他再次答应了新公司老总。可是一觉醒来，他接到原公司老板电话，原老板来到他所在的城市出差，想见个面，这一面见过之后，他又答应回到原来的公司。于是再次给新公司老板写了拒绝的邮件，这次，老板回复得很简单：希望还能有缘。

这件事被大志办得拖泥带水，三番两次并不漂亮，如果他一开始就懂得拒绝，或者在第二轮邀请时就果断拒绝，想必会有更好的结果。而他之所以犹犹豫豫，还是心底里的迟疑在作祟，他并没有对新公司充满信心，也就是并没有对自己到新公司的工作充满信心。过于在意相应的影响和结果，而其实在旁人眼里，这一切好像是他和空气的一场博弈，别人看得累，他自己也很累。

【智慧屋】

果断决定，告别犹豫

在考虑一件事情利弊的过程中，不必想得过于复杂，过于周全，反而会形成一种桎梏。果断决定之后要学会为决定买单，尤其是面对第三方的决定，在公布之后，必须将侧重点考虑到责任的层面，而不再是自己对当初的利弊考虑是否周全。因为一旦按这个思维想事情，你的决定永远不够周全。

适度自尊让你更自信

自尊是每个人心底里不可描述的复杂情绪，过多过少都是极端。衡量自尊心是否健康的标准就是你能否坦率地面对自己所处的当前生活和社会阶层。理性地面对自己的生活状态，并对未来充满希望。这种源自于心理的坦荡和乐观也会让你变得越来越自信，而这份自信也会作用到你的生活中，让理想的一切和你靠得越来越近。

学会勇于负责

之所以犹豫，之所以哪一种选择都会有推倒重来的想法，就是因为你还没有真正做到勇于负责。不是每一次决定都有机会推倒重来，不是每一个推倒的决定都可以被谅解。言谈举止皆是烙印，决定与否都将印有你个人的标志，人生的信用额度没法擦掉重来。

放下心中诸多的迟疑，每一种选择都有属于它的结果，不到最后不可知。在犹豫中浪费时间，不如在终点处总结经验来得更实在。切忌将有限的热情和年华用在自我内心的博弈上，真正的战场具体在哪个方向也许还未可知，但一定不在你的心里。

拒绝犹豫：勉强承接，是短痛与长痛的并发

最阻碍脚步前进的除了不开始，还有就是从心底里的犹豫不决和抗拒。口是心非地承接了自己并不喜欢和认可的事，从开始接受的一瞬间直到这件事结束，你的心情都是阴霾的，而围绕着你的家人和工作也都是灰色的。

换言之，做什么事都最怕心猿意马，明明不想应承的请求，却碍于面子开不了拒绝的口，就在犹豫的心理过程中接受了。可随之而来的全是围绕着这件请求的烦忧，你不但要为此付出时间，还要付出精力，弄得心力交瘁不说，心情也跟着烦躁起来。最糟糕的就是下班回家，以往孩子玩闹，怎么看都觉得可爱，现在孩子一扑过来，就想立马溜走……你根本没有心思去放松，并不是这件被请求的事儿有多么大，就是人做一件自己不愿意做的事，跟心情完全逆反的事，耗的不是时间，而是元气。

单位调试线体的马技术员，是一个出了名的温和的人。因为其他线体部门一旦有什么忙不开的，只要找到马技术员帮忙，他都能腾出时间过来。一来二去，大家叫他“马上到”师傅。昨天晚上，马师傅正在忙自己的线体工作，去接水时遇到了负责另一条线体的同事，这个同事问：“马师傅，你今天忙吗？”其实大家都在忙，就算不是不停

歇的节奏也是不可以走开的。马师傅心中也明白，但犹豫拒绝的话含在嘴里却怎么也没有说出来。“还行。”最终他说。同事一听，眼前一亮：“那正好，马师傅麻烦你帮我把这些表格做完吧，我家孩子发烧，着急回去呢！真是谢谢了。”就这样，他自己本职的工作没有忙完，又接了一个“义工”。

他马不停蹄地忙着调试线体，又笨拙地滚着鼠标制作表格，内心的烦躁比现场设备的轰鸣声还要强烈。最终，在下一个班组换班时，他的本职工作量还差点没能完成，而帮助同事做的表格也一塌糊涂。他发微信告诉同事：“真是不给力了，设备那边坏掉了，我忙了好久，你的工作没做完，可是接班的人就来了。”他内心忐忑地等待回复，这种心情就像犯了错误的员工等待领导批示，可现实是同事有求于他。过了十来分钟，同事终于回复，大意是没什么，却让人感觉得到明显的不愉快：“我自己做好了，没事，谢谢你。”马师傅心头一紧又一凉，忽然感觉疲劳劲儿上来了……

他参加自己线体部门的早会，领导对他没能完成生产量很是不满：“都是多年的老员工了，还没有学会科学分配时间！知不知道客户的订单都堵到门口了！”马师傅垂着头，想起妻子和他说过多少次：“不要逞强帮别人而坏了自己的事。再不要发生下了班送同事去车站接家属，结果让她足足等了 40 分钟的事了！还有孩子要吃饭，还有小狗需要喂！”妻子歇斯底里地和他吵架的画面越来越清晰。他后悔，后悔不该和同事说那句“还行”，后悔不该答应替同事完成那些表格，他觉得“马上到”这个“美誉”怎么听都有种嘲讽的感觉，疲劳，疲劳，疲劳，他的生活和工作已经被搅扰得一团糟！

职场中的“马上到”师傅很多，也许你就是其中的一个。可是这种“马上到”真的是发自内心的热心吗？当别人对你的“马上到”不再那么谢意连连，家人对你的“马上到”恨之入骨时，你还觉得快乐吗？每一次无法拒绝的代价都是自己和家人付出了双倍的烦扰去买单，你犹豫不决无法拒绝，就是自己吃亏以满足别人的要求，问题是你在这个过程中明显感觉到痛苦和力不从心。这只面具真的不好戴，长期下去你也可能要去看心理医生，还是及时醒来吧！

【智慧屋】

不在自己拿捏不准的事情上徘徊

面对别人的诉求，如果有一种试试看的心态，尽量不要应承。因为在这个试试看的过程中，你很有可能无法顺利完成，这个时候就需要你大动干戈，调动多方资源，甚至不惜牺牲个人利益以满足当时应承下的这个承诺。

但凡有一丝违心请你利落说：不

如果诉求的事情或是诉求的人并不是你所中意和擅长的，答应了虽然也能办到，但是心里不舒服，不太情愿，那就不要答应，因为痛苦和难受的感觉才刚刚开始，倘若一点头，一切负面情绪就会接踵而来。后续的不情愿会是当前的几倍，成全别人不代表就要辛苦自己。

放下虚荣拒绝当老好人

那些随叫随到，人见人喜欢的老好人，真的是因为善良，乐于助人吗？可能更多留恋的是帮助别人过后，大家所给予的赞赏和掌声。这份虚荣心作怪，让自己莫名地在人群中有了存在感，通过这种方式让自己感觉很重要。你失去的是实实在在的时间和精力，获得的却是徒有虚名的美誉，而所谓“美誉”也并非真的分量等值。请你放下虚荣，将当老好人的热情和时间多陪陪家人，让自己获得最实在的快乐。

做自己喜欢的事，为自己喜欢的人做事，做有价值有意义的事。当你的生活围绕着这些核心的时候，才真正散发着温暖的光芒。除此之外的快乐堪比海市蜃楼，不值得你倾力相投，问题是你也确实没有心思去倾力相投，所以放弃制造假象，在你自己的心里，在对方的心里都做个真实的人。

拒绝遗憾：知你者谓你心忧，不知你者谓你何求

即便你再完美，也会有人不喜欢你；同样地，你再不完美，也会有人爱你在心。世上的人，无论同事、朋友还是亲人，走在一起凭缘分，靠相互之间的磁场相吸。真正留下的，是同频共振的。勉强维持的，痛苦大于欢乐，又何必？

工作和交友中，需要拒绝的事太多了。你说如果都由着性子来可能就是孤家寡人了，万一没朋友了怎么办？你说害怕孤独，害怕曾经要好的关系淡去的感觉。你会心生遗憾，甚至后悔当初只要像对方说的那样做，他就会满意，彼此还可以像从前一样。

其实，人性本善、本私、本恶、本丑。你所担心的所有，是每个人心里都担心的，大家都以为自己是最聪明的那个人。有相当一大部分人是在对这个社会环境违心地妥协着，你看到他觥筹交错，其实他最喜欢的是自己窝在家里的沙发上听首音乐；你看他人群中正欢，其实他在惦记家里的那只猫；你以为他把你看得多重要，其实他更在意的是自己不要感到孤独。大部分人用圆滑为妥协找了件穿得出的外套，然后走在人群里，穿的人多了，就成了普遍的现实。这个时候那些保留“真”的人，便受不了所谓异样的目光。

娜和老公正在家给狗洗澡，娜的电话响了，是从小到大的闺蜜。

“你就直说没空吧！”正在给狗擦沐浴露的老公说。

“怎么说啊，这么多年了，肯定又是找我倾诉事儿。我出去一会儿晚上回来。”说着，接起了电话，果不其然，闺蜜想去买衣服。她想去看电影了，想去逛公园了……几乎每一次闺蜜想做什么，娜都会陪着去。她正在换衣服，再也忍无可忍的老公抱着还没有冲掉沐浴露的狗走了出来：“你就不能拒绝一回吗，为什么老是为了陪她临时更改你所有的行程，你明知道下午要去姑姑家！再说哪回你和她一起出去是心甘情愿的，回来不是脚疼就是腰疼！”老公是个性情很温和的人，他很少这么抗议，她也听得出来都是为了自己好，可是不知道怎么的就是开不了这个口。她说：“可能是因为我们是多年的交情了，总怕拒绝了以后做不了朋友。”

“你需要的是知己，是朋友，不是做一个跟班随从！她要是连这都不能理解，那你们根本就不是朋友！”老公的几句话好像正中了她内心的要害，她默不作声，但是每次闺蜜打电话来都像有一种魔力，明明不愿意却还是违心地答应了，自己也感觉很累……

她拿起电话，给闺蜜回了过去：“下午要去姑姑家的，我忘记了，不能陪你去了。”她小心翼翼地说着一字一句，然后期待着闺蜜给她的回应，之后闺蜜说：“那好，忙正事。”

娜如计划一样过了自己的周末，也看到朋友圈闺蜜晒的生活照，是和其他陌生的朋友，一样很开心的样子。接下来的日子，好像每一天都很长，娜和老公说：“她好像察觉到了什么，已经很久不联系我了。”娜说这些的时候看起来有些失落。

“不合适做朋友的人早一天断交早一点受益。”他真的看不惯娜一副心事重重的样子，他告诉他知她者谓她心忧，不知她者谓她何求。娜想了想，觉得他说得有道理，如果接下来的时光都要这样违背自己个性去维护友情，这种疲劳和收获相比太划不来了。

可是第九天，闺蜜打来电话："这几天啊，别提了，上次去逛街小腿被车子刮了一下，怕你担心没告诉你，现在快好了……"她语言轻快，自然而快乐，就像娜没有拒绝过她一样。

娜忽然感觉自己活在了一张巨大的"网"里，这结网的人就是自己。拒绝是件多么简单的事，接受也是件多么随心的事。一切都是靠缘分维系的，能走在一起的人，不会因为拒绝而生分；而走不到一起的人，即使你小心翼翼地维护依然不见得有好的结局。

青丽一直是个爱情洁癖主义者，她从小就希望嫁给两情相悦、两心相知的人。但是长大后的所有现实经历告诉她，"理想很丰富，现实很骨感"。

她和丈夫结婚 3 年了，她却感觉像 10 年那样漫长，她的婚姻大致可以分为：期待、绝望、澄清三个阶段。

在第一年的期待阶段，她主动和丈夫交流工作上的所见所闻，日常生活中的感受，希望他们能保持在同一个节奏，并且希望丈夫能够关注到自己每一条微博发送的时间，从中寻找生活的浪漫痕迹和情感气息。公平地说，丈夫也在努力适应，但还是没有达到青丽理想的要求。

在第二年的绝望阶段，她几乎想要离婚，她受不了一个三分钟入睡的枕边人，也受不了刷段子笑出声音的男人，她想要的是如梦如幻的爱情，却偏偏嫁给了生活型的丈夫。每一次发脾气，无辜的男人都不知道自己错在哪里。

在第三年的澄清阶段，青丽遇到了一场车祸，她失去了灵活的左手腕，这双喜欢弹钢琴的手至此落尘。丈夫每两天煲排骨汤给她，给病床上的她讲段子里的笑话，然后说："这回不弹琴了也好，以后你可以有时间和我一起钓鱼了。"她看着眼前的这个曾经自以为俗不可耐的男人，听着曾经觉得庸俗不堪的段子，笑出了眼泪。

丈夫才真正是一个智者，他在这场婚姻中随心的态度不知不觉间其实已经让青丽习惯了，他对她的迁就和忍让不是一天两天。他拿起书给病床上的青丽读上一段古文：知心者谓我心忧，不知我者谓我何求……

丈夫说哪有那么多知心人，知你需要就当知心了，来，喝口汤吧，他把一碗热汤端到了青丽面前。

拒绝要理性，千万不要因为感性的小情怀误判一个人"死刑"，他的格调与你未必一致，但是他的心情却与你相同，因为一种表象拒绝一颗真实的内心，这种否定实则是可惜了。

【智慧屋】

不要因为害怕失去所以不拒绝

有一部分人说如果我拒绝了，他不高兴怎么办？那难道为了让他高兴，就要让你不高兴吗？而且你还不能表现出来，这是多么自虐的行为。不要因为害怕失去一个人或一段关系而不敢拒绝，只有在一段健康、自由自在的关系中，你才能更加放松自己。

因为拒绝而失去的人或关系不值得遗憾

如果一个朋友、一位同事或者一段关系，因为你的一次拒绝而渐行渐远，那么这样的朋友不交也罢，否则漫漫长路，一心迎合对方会让你疲惫至极。这样的感情和朋友，说白了和你三观不一致，失去对自己反而是件解脱。不用为昨夜打翻的牛奶而哭泣，它本不属于你，其实温锅里还炖着奶酪，只是你还没有发现而已。

真正欣赏的是你的人

在真正两相欣赏的朋友和一段关系中，你这个人才是核心，围绕着你发生的一切都是插曲，大家并不会过分在意你的拒绝或是接受，甚至这一切发生在一顿午餐里，一杯咖啡里，自然而然，从不刻意。所以，不要将自己的心界活得更狭窄，计较的东西少一些，在意的东西也不要那么多，做自己，也要尊重别人做自己，理性去看待人际交往。

你若盛开，蝴蝶自来

你身边有多少朋友，有什么样的朋友，有多敏感的朋友，完全取决于你自己是一个什么样的人，具备什么样的磁场，就会吸引什么样的人。所以永远不要为了失去了什么而落寞，只要你足够优秀，足够善待自己，与你性情相投的人会越来越多，让你烦忧的事会越来越少，所以，强大自己才是解决一切问题的根源。

你所拥有的和已经失去的，未来还会不断拾获和错过，从来都不是你拒绝与接受所能左右的。而如果你抓住这个点不放反而大做文章，那只能是让自己的每一天活得战战兢兢，并不轻松。2018年的网络流行语“佛系”，意为怎样都可以，随心随缘。我们应该把这种佛系态度运用到自己的生活心态上，得之淡然，失之坦然，一切都是缘分所致。

拒绝忧虑：强大自己是解决一切问题的根源

我们身边都会有这样的人，他并不怎么刻意维护朋友关系，但是围绕他的朋友总是那么多，同学聚会的时候总有那么几个焦点，他就其中的一个。平时在一起常聚，又毫无架子，烧烤摊上撸点小串，一瓶冰镇啤酒说吹就吹，但打起领带说起英文又那么有范儿，人际关系在他那里从来都不是重点考虑的事，从来没看到他为所谓朋友关系烦恼过。他说，这都是小事，不用计较，也别在意太多。

你会发现，越是在意什么的人真的越是缺少什么，这句话不是酸，是绝对有道理的。因为不多所以珍惜，因为珍惜所以格外在意，因为格外在意所以小心翼翼，越是小心翼翼越是容易演变成战战兢兢。比如朋友的诉求，一些人想要拒绝都要百思理由，还怕想出的理由不合适伤及对方的面子和自尊心，其实是怕影响到以后的相处，是怕反作用到自己未来的路，是否失去了一分助力，或者多了一分阻力？可是，那些真正身为大咖的人从来不会考虑这些，他们没有时间，他们的时间和精力都在用来武装自己，然后让自己像一块磁铁一样自然而然地吸附住身边的人。

喜剧演员贾玲，她是喜剧界难得的女演员，一个一路遍体鳞伤也在坚持的女演员，一个一路饱受非议如今发展起来大红大紫的女演员。

贾玲刚刚踏上喜剧之路的时候，也有过深爱自己的男朋友，但是男朋友觉得贾玲在台上扮丑作怪，表演喜剧，自己作为男人的自尊心实在是受不了，他不喜欢自己的女人是这样一个角色，他和贾玲说："我和喜剧，二者选一。"贾玲当年还没有"女汉子"的外表，而且她本身就是一个细腻的女人，她挽留他，她一再强调说这两者都是她毕生所爱，可不可以不做这道选择题。男朋友也很伤心，但更坚定："必须选！"

贾玲哭了，她没法选，她只在电话里对他说："可不可以不这样，我喜欢表演，我喜欢喜剧，我真的喜欢……"

她后来租住北京的小平房，要靠电暖器取暖，可是电费又很高，她舍不得用。她没有太多的朋友，她的家人也始终希望她能回到老家去发展，"受这个苦干什么！"家人心疼又辛酸地说。

"我喜欢，再给我点时间。"

后来，我们大家都知道了，我们又目睹了一个励志姑娘的成功。她上了春晚，和白凯楠出演的相声小品、小短剧有声有色，有模有样儿，我们从此认识了一个微胖的姑娘，她有一对可爱的小酒窝，她叫贾玲。自此之后，她不断地突破自我，参加各种喜剧类节目，最终让全国人民认识了她，并且喜欢上了她。如今贾玲终于可以独当一面，并且拥有了自己的团队。属于她的朋友越来越多，当她自己强大起来且盛放开来的时候，蝴蝶也自远方款款而来。

你拥有什么样的磁场就会吸引到什么样的人，你拥有多大的能力就会吸引多少光亮。生活对你不偏爱，可对你也不会格外刻薄，把你感叹不公、战战兢兢的心思放在学习上，用不断强大的自己回馈给生活一个最大的微笑。

事实上，我们的担心、不安和种种顾虑，都是因为自己不够强大，因此过分在意别人的想法。但人生路上，有人能够与你同行那是缘分，即便不能同行，虽然有缺憾但也不必遗憾，把所有用于忧虑不安的时间节省下来，去看一本书、听一节课，用点滴的小事充实自己、强大自己！

【智慧屋】

拒绝自怜自艾

任何人的一生都会像西天取经要经历八十一难般，绝不会是一帆风顺。你要在逆境中也能保持乐观和坚韧。相信一切都是最好的安排，即使你现在处境不佳、人生不顺，但是阳光过后也会有彩虹，把这段低潮时期，把嘶吼不公的精力节省下来，看上几本、几十本、几百本书，雨过天晴后，你会发现自己比阳光还要灿烂！

放眼人生，放平心态

不必感慨人性势利，处境好的时候围着你的人一大片，落寞的时候却唯恐避之不及。人性使然，无须感叹。问题不在于这些人，而在于你自己，你释放什么样的磁场就能吸引什么样的人。你的负能量就能吸引“明天在哪里”“我该怎么办”“放弃也是一片天”……这样的思想；而你光芒万丈的时候，吸引的肯定也是熠熠生辉的明星，你们之间即便是把酒言欢，也有豪情痛饮三百杯的胆量。

坚韧这种品质不是人人都会有，所以不是人人都能成功

有了坚韧这种品质并不一定都会成功，但是成功的人却真的少不了这种坚韧的品性。俞敏洪、马云……哪位大佬是一帆风顺过来的呢？先有性格再有格局、品质，然后才有坐拥的半边天。在顺境辉煌时，你要有这种坚韧的品质抗得住繁华万象的大染缸，进得去，也出得来。而在逆境中，则要有卧薪尝胆的精神！

把一切用于忧患的时间换算成努力的时间，当你迷茫、舒适到空洞的时候，手边的事就是最好的事！拿起一本书、一张报纸，戴上棒球帽去户外运动，关爱一下家人，给朋友打个电话……太多的好事可以做，唯独不要让时间空泛而过，因为一眨眼，最珍贵的东西总是溜得那么快。

拒绝纠结：大胆说 NO 的人都很酷

当你在犹豫“这句话怎么开口更合适”“那个拒绝会不会令他心生不悦”“以后见面还要不要说话”时，有人已经直接开口拒绝了，那份坦然和随心让他没有过多纠结，对方收到的时候也没有过分的尴尬。你还活在别人的情绪里时，有人已经在做最真实的自己！

当我们身心还陷在怎么拒绝，对方才会不伤自尊，怎么拒绝，对方才能不和自己绝交，怎么拒绝，对方才不会给自己穿小鞋时，有些牛人已经直说了：NO！

而且让人意想不到的是，说 NO 的人，不但没有成为众矢之的，反而成了最酷代言人！人们觉得他们：真性情、坦率……总之，他们成了被欣赏的人群，甚至因为这种勇于说 NO 而罩上了一顶无形的光环。

在现实生活中，每个人都会面临自己不喜欢的事，却少有人说出：我不！于是，自己委屈着承受着，违心地强迫自己做这件事，因为你说没法拒绝啊！然而你的不知道怎么开口以及你的不爽成全了别人的“想”，这件事怎么算怎么觉得不太值！

朋友两人一起出差，动车组票。一上车朋友 A 就感慨：“行政部的小姑娘真给力，居然是正方向座位，这回不用晕车了！”两人一起放好行李坐下。这时对面入座的是两位女士，与她们同排的还有三位女士，看样子她们是一起旅游的，因为太阳帽、遮阳伞样样齐全，朋友刚刚还帮着举帐篷行李。他坐回座位后拧开水，喝了一大口，朋友B说："现在的季节，窗外一片绿意养眼啊！"显然，他对窗口位置也很满意。

这时，与面前两位女士同排的三人中的一位大姐开口说："你好，咱们能不能换个座，我们是一起的。"她指着旁边两位女士说。

朋友B显然不是特别愿意，他说："你们已经是一个横排了！"

"一会儿我们想吃个饭，这样不方便，想和你们换一下这两个座位。"说着她指了指三人座位中的中间位和过道位。是的，她把窗口那位朋友留在那儿"守"窗口！

朋友B更不愿意了，他一脸为难，实在不想换，又好像不怎么好开口的样子。此时，朋友A转过头对大姐说："不好意思，我们不想换。"

"哦！"大姐扭过头去，继续翻腾自己的背包了。

就这样，在朋友A一句"我们不想换"中，一切都解决了，不需要解释不需要磨合，因为座位本来就是我们的，我不想晕车，你想看风景，还犹豫什么？不换。朋友A递给朋友B一瓶水，两人继续聊起了刚才未尽的话题。

其实生活中做好事的人太多，但是心甘情愿做好事的人则有限。围坐在一桌推杯换盏陪客户热闹时，有几个人是心甘情愿喝白酒？还有你刚刚出差回来，朋友约逛街，换下高跟鞋的你真的就那么兴致盎然吗？

——既然不是，为什么不说"NO"？

被称为"毒舌"的金星，为什么一边被叫毒舌一边还被大部分人所欣赏着？虽然欣赏不等同于喜欢，但是她的麻辣风格却让人拍手叫好。

她被无数人模仿的“橙汁儿”故事几乎家喻户晓。故事是这样的：金星从国外演出回程，她选择订了国航，刚上飞机还在夸空姐漂亮精致，看餐饮服务中空姐对外国人讲着标准流利的英文也是让她大为赞叹，但是接下来看到空姐对待国人一副漫不经心的样子顿时没了好印象。她拒绝这种服务态度，拒绝别人和她“玩”换脸游戏，更是拒绝国人对国人的不尊重！于是当空姐漫不经心地问她想要喝什么的时候，她出口流利的英文假装自己是外国人，空姐果然由最初对她懈怠的态度转变成非常礼貌而专业的英文服务，问她想要喝些什么。这个时候金星大吼一声：“橙汁儿!”随着这声“橙汁儿”响起的掌声好像都在为金星叫好，也好像巴掌都落在了这位空姐的脸蛋儿上!

她用“毒舌”的方式拒绝了空姐的变脸服务，她用这种方式对空姐的怠慢行为大声说：“NO!”此番对话一出，她在网络上瞬间获得好评无数！大家纷纷通过模仿金星的“橙汁儿”典故，以拒绝空乘服务对国人的怠慢，就像是一次示威游行，也必定会引起各航空公司的高度重视和自省。

【智慧屋】

直说拒绝并不等于为所欲为

首先明确一点，你的拒绝只有应用在被要求的事情当中，也就是它的出现决定权不在于你，你只是做了被动的回应而已。这并不同等于缺少礼貌、教养，可以为所欲为地伤害对方的自尊心。大胆说不，痛快回绝，只是提前结束尴尬而已。但这并不等同于用拒绝扮酷，树立个性。

犹豫不决的心理就已经传递了说不的信息

如果你拿捏不好什么样的事情需要说不，那么可以自我检验。当一件诉求摆在你面前时，如果你内心并不觉得开心，或者觉得相对为难甚至是稍有痛苦，那么就需要慎重接纳。此时理智建议你果断说“不”。

你以为你很有礼貌，其实你恰恰很不自信

但凡不懂得拒绝的人，多数是想维护彼此的交际关系，甚至是维护自己在对方心中的形象，不想让对方觉得自己是个弱者，几乎是有求必应，有问必答。可这并不是彰显个人素养和礼貌的常理，反而映射出了你并不自信的内心。你把活自己的一生，变成了活别人心里自己的一生，那么，“累”才刚刚开始。

相比起优柔寡断，雷厉风行的人总是那么可爱，相比唯唯诺诺，勇敢直率的人总是备受瞩目。你越是靠近别人心目中的样子，越是没了自己的招牌标签！每个人都会是别人生活中的配角，但在自己的生活中，主角却不可更替。你走起路来带风的步伐很“飒”，你顺应自己心意，说“不”的样子也很酷！